懂事的男孩有出息

优秀男孩的
性格密码
（漫画版）

国成彪 著

四川辞书出版社

图书在版编目(CIP)数据

懂事的男孩有出息：优秀男孩的性格密码：漫画版 / 国成彪著. —成都：四川辞书出版社，2022.4
ISBN 978-7-5579-1053-2

Ⅰ.①懂… Ⅱ.①国… Ⅲ.①男性－成功心理－青少年读物 Ⅳ.①B848.4-49

中国版本图书馆 CIP 数据核字(2022)第 045084 号

懂事的男孩有出息 优秀男孩的性格密码（漫画版）
DONGSHI DE NANHAI YOU CHUXI YOUXIU NANHAI DE XINGGE MIMA MANHUABAN
国成彪 著

策　　划	/ 董志强
责任编辑	/ 雷　敏　麻瑞勤
封面设计	/ 仙　境
责任印制	/ 肖　鹏
出版发行	/ 四川辞书出版社
地　　址	/ 成都市锦江区金石路 239 号
邮　　编	/ 610023
印　　刷	/ 运河（唐山）印务有限公司
开　　本	/ 700mm×1000mm　1/16
版　　次	/ 2022 年 4 月第 1 版
印　　次	/ 2022 年 4 月第 1 次印刷
印　　张	/ 14
书　　号	/ ISBN 978-7-5579-1053-2
定　　价	/ 49.80 元

・版权所有，翻印必究。
・本书如有印装质量问题，请拨打以下客户服务电话。
・客户服务电话：15321110112

前　言

　　男孩的成长是一场华丽的蜕变，褪下青涩的外衣，披上征战的盔甲，从此男孩踏上了人生的征途，为自己拼杀辉煌的未来，走向远大的前程。这是每一个男孩从稚嫩走向成熟、从幼小走向强大的过程。

　　在这个过程中，男孩，有一些事情你必须得明白，这是你成长的必修课，也是你成功的考核题。要想将来成为一个有出息的男子汉，这些事情你必须牢牢记在心间——

　　男孩，你要做到"一诺千金"，这是男子汉应有的担当，只有做到这一点，你才能真正理解何谓承诺，何谓诚信，何谓顶天立地；

　　男孩，你要学会扛起属于你的责任，用心去感受这份重量，只有扛得起责任的人，才能让自己的人生更加精彩；

　　男孩，你必须得有一颗上进的心，有一种督促你变强的渴望，这是你前进的动力，也是促使你踏上征途的原动力；

　　男孩，你要远离懒惰，摒弃人性中最卑劣的敌人——惰性。你要牢记，勤奋、勤奋、勤奋——这是迈向成功的通行证，不管你是愚者还是天才，都得遵循这个定律；

　　男孩，你要学会独立，并且要有足够的能力来支撑自己的独立，这是你变得有出息的第一步，只有让自己拥有独立自强的资本，你才有资格去谈论其他；

男孩，你得学会团结与合作，得进入人群，寻找与你志同道合的伙伴，因为唯有将人类微小的力量凝聚起来，才能形成改变世界的力量；

男孩，你要学会感恩，这是每一个人都应当拥有的，最基本的美德，若没有这份美德，所有美好的品质都将无可依附；

男孩，你需要注意培养好的习惯，拥有好的习惯，才能铸就好的命运，你还得关注细节，重视那些微不足道的事，成功的关键往往就藏匿于此；

男孩，别再把时间浪费在那些毫无意义的事情上，你还年轻，但这并不代表你还有时间可以去挥霍和浪费，只有把握住当下，你才能将命运紧握手中，为自己书写一个灿烂的未来……

成长是一条荆棘丛生的路，而荆棘之上总能盛开出最鲜艳的花。而这条路是属于你的，是一条独属于你的道路，没有任何人可以代替你去行走。男孩，勇敢地踏上属于你的征途吧！

男孩，成长中的每一次阵痛，都将带给你全新的收获，你将克服一个个弱点，你将一点一点地洗去瑕疵，你将化作高飞的雄鹰——你将成就最好的自己！

目 录

Part 1 "一诺千金"是男子汉的担当

第1件事　重视承诺的力量　/　2

第2件事　不要轻易做出保证　/　6

第3件事　信任是资本，别随意消耗　/　10

第4件事　没有诚信，谈什么尊严　/　14

第5件事　认清自己，才能言出必行　/　17

第6件事　逞强只会让你更没面子　/　21

Part 2　扛得起责任，才活得出精彩

第7件事　树立自己的责任意识　/　26

第8件事　敢做敢当，才是真的担当　/　29

第9件事　坦承你的错误　/　32

第10件事　丢掉借口，才能突破阻碍　/　35

第11件事　负责不只是说说而已　/　38

第12件事　"自我原谅"也该有个底线　/　42

第13件事　别把一切都丢给父母"买单"　/　46

Part 3 怀一颗上进的心，走一段辉煌的路

第 14 件事　你得拥有"变强"的渴望 / 50

第 15 件事　学习是进步的唯一方法 / 53

第 16 件事　克服自卑，相信自己 / 56

第 17 件事　我不够好，但我会更好 / 59

第 18 件事　让今天的我永远比昨天更优秀 / 63

第 19 件事　行动起来，就永远都不会晚 / 68

第 20 件事　永远不要给你的人生设限 / 71

Part 4 勤奋是迈向成功的通行证

第 21 件事　天赋或是偶然，勤奋造就必然 / 76

第 22 件事　到底是太笨了，还是太懒了？ / 79

第 23 件事　只要还在努力，那就不是失败 / 83

第 24 件事　善用生命的每一分钟 / 86

第 25 件事　"量变"的终点是"质变" / 89

第 26 件事　勤奋未必带来成功，但至少可以无悔 / 92

第 27 件事　天道酬勤，机会只给有准备的人 / 95

Part 5　独立自强，是有出息的第一步

第 28 件事　不够"强"，凭什么独立？　/ 100

第 29 件事　成长的路，只能自己去走　/ 103

第 30 件事　有出息的人，靠的永远是自己　/ 106

第 31 件事　丢掉依赖感，迈出独立第一步　/ 110

第 32 件事　自己的事情自己做　/ 113

第 33 件事　别把希望都寄托在别人身上　/ 116

第 34 件事　成功都是逼出来的　/ 119

Part 6　团结是世间最强大的力量

第 35 件事　个人英雄时代的终结　/ 124

第 36 件事　修炼自己的"社交力"　/ 127

第 37 件事　不做单独的"筷子"　/ 130

第 38 件事　合作不等于无条件地退让与妥协　/ 134

第 39 件事　帮助别人，也是帮助自己　/ 137

第 40 件事　分享比独占更快乐　/ 141

第 41 件事　分享不代表失去，反而可以拉近距离　/ 144

第 42 件事　多和他人进行沟通与交流　/ 147

Part 7　感恩是最珍贵的美德

第 43 件事　用感恩的目光去看待世界　/ 152

第 44 件事　别把他人的付出视作理所当然　/ 156

第 45 件事　别让冷漠成为你的代名词　/ 159

第 46 件事　善待他人，其实也是善待自己　/ 162

第 47 件事　你为你爱的人做过什么　/ 165

Part 8　习惯决定命运，细节缔造成功

第 48 件事　认识一下"习惯的力量"　/ 170

第 49 件事　小心，细节是成功的"线头"　/ 173

第 50 件事　改变自己，还是改变世界　/ 176

第 51 件事　别小看浪费掉的"一分钟"　/ 179

第 52 件事　习惯都是从小事养成的　/ 182

第 53 件事　凡事都应"恰到好处"　/ 185

第 54 件事　让乐观成为一种惯性　/ 188

Part 9 握紧命运，书写未来

第 55 件事　将来的你，想成为什么样子　/　**194**

第 56 件事　握紧当下，才能书写未来　/　**197**

第 57 件事　现在的学习才是你积累砝码的途径　/　**200**

第 58 件事　奇迹是从"天马行空"开始的　/　**204**

第 59 件事　成功不是来自"最后一击"　/　**208**

第 60 件事　别把时间浪费在无意义的事情上　/　**211**

Part 1
"一诺千金"是男子汉的担当

没有诚信,何来尊严?
　　——马库斯·图留斯·西塞罗(古罗马政治家、雄辩家、哲学家)

以前的我

昨天和朋友约好今天早上一起去踢足球,可是由于昨天玩到太晚,今早起不来了。

现在的我

已经和小伙伴约好周六早上一起打篮球,为了履行承诺,我早睡早起,绝不迟到。

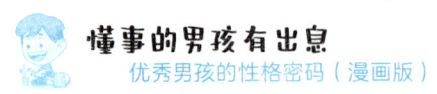

第1件事
重视承诺的力量

只要你承诺的事你就要做到,哪怕是对魔鬼的诺言。

——亚里士多德(古希腊哲学家)

1998年11月9日,这是美国犹他州土尔市一个十分平常的日子,但在这个日子,却发生了一件特别的事情——路克,这位在当地备受尊敬的小学校长一大早竟从家里爬了出来,并且一路爬到了学校。

是的,你没有看错,路克校长今天就是爬到学校上班的!这到底是怎么回事呢?

原来,在这个学期开始之前,路克校长为了激发全校师生的读书热情,让他们多读一些书,多学习一些知识,突发奇想,在开学典礼上宣布:"如果在11月9日之前,你们所有人能读完15万页书,那么,我会在9日的早晨从家里爬到学校上班!"

听到路克校长的话,全校师生都愣住了,这实在是太荒谬,也太有意思了吧!大家都沸腾了,无论老师还是学生,他们都想知道,如果大家真的做到了这件事,路克校长是不是真的会兑现他的承诺。

就这样,全校师生的读书热情都空前高涨,人人都参与到这场读书活动之中,并且果然在11月9日到来之前读完了15万页书。

这个读书任务完成之后,大家都非常激动,但大部分人都不相信路克校长会兑现自己的承诺。有些好事的学生还特意打电话给路克校长,问他:"嘿!校长,我们已经成功读完了15万页书,现在该你兑现承诺了,你真的会爬到学校吗?"

路克校长回答道:"当然,我会兑现自己的承诺!"

路克校长的妻子知道这事后,便劝说丈夫:"你都已经达到激励他们读书的目的了,就不要真的爬了吧!"

但路克校长却说道:"如果不重视承诺的力量,那我以后还如何取信于他人呢?"

于是,11月9日早晨那荒诞的一幕便发生了,路克校长真的一直从家里爬行到了学校。一路上,为了不影响交通,他一直在路边的草地上爬行,身上沾满了泥土和草屑。不少老师和学生都来观望,一开始,大家都觉得这场景好笑极了,但渐渐地,许多人被感染,还有不少学生干脆直接趴到草地上和校长一起爬……

三个小时后,路克校长终于爬完这段路,顺利到达了学校,此时的他已经磨破了第五双手套,浑身都是泥土和汗水,看上去狼狈极了,但所有老师和学生都在鼓掌、欢呼,将他视为英雄,蜂拥而上地去拥抱他……

路克校长为了激励大家读书,许下一个看似荒诞又可笑的承诺。一开始,大家虽然兴致勃勃地参与其中,但实际上并没有多少人相信路克校长真的会兑现这个承诺。事实上,即使最后路克校长没有兑现这个承诺,想必也会有许多人理解他,或在一段时间的起哄之后就将这件事抛之脑后。

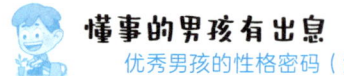

但路克校长并没有选择这么做,他坚持兑现了自己那个荒诞的承诺,因为他知道,如果他把这件事糊弄过去,那么从今以后,他将再也无法取信于孩子们。最终,路克校长用承诺的力量赢得了所有人的尊重,也用实际行动给孩子们上了最生动的一课。

以前的我   现在的我

我告诉妈妈,只要给我买这个飞机模型,我期末考试一定考入前十名。最后我考了第十一名,其实差别也不大,不用太计较啦!

我承诺过要考入前十名,最后考了第十一名,因为没能实现承诺,所以我主动把最心爱的飞机模型交给妈妈保管。下次,我一定会努力争取考得更好,把它拿回来!

✌ 我是有出息的男子汉!

在成长的过程中,我们都曾因一时的冲动而轻易许下过一些诺言,但那时候,当我们说出这些话时,可能并没有真正将它当一回事,也并没有真正意识到承诺的重量。于是,在一次又一次的失信过后,我们会发现,自己在不知不觉中被贴上了"不靠谱""三分钟热度""没有定性"等表明我们无法取信于人的标签。

如何获得别人的信任?如何证明自己是个有担当的男子汉?答案其实非常简单,如果我们能够做到"言必行,行必果",如果我们能够让自己的承诺真正具有力量,那么别人自然就会愿意相信我们,信任我们。

我是有出息的男子汉!所以,从今天起,重视每一个承诺,做到一诺千金,这才是男子汉应有的担当!

第2件事
不要轻易做出保证

> 轻诺必寡信。
>
> ——老子（春秋时思想家、道家创始人）

很多人都听过一个词——君无戏言，但并不是所有人都明白这个词的"重量"。

康熙皇帝是历史上一位非常厉害的皇帝。有一年，据说康熙皇帝到木兰围场狩猎，途中觉得有些疲累，便决定休息片刻。

在休息时，康熙皇帝发现这里风景非常优美，山边还有一棵傲然独立的青松，像把绿色的大伞一般，站在树下，凉风习习，实在让人心旷神怡。于是，康熙皇帝突然来了兴致，让人摆好棋盘，要和大臣们下棋。

康熙皇帝的棋艺是非常厉害的，周围的大臣都不是他的对手，一连下了几盘，都让康熙皇帝觉得无法尽兴。当时，康熙皇帝身边有个年轻的侍卫，名叫那仁福，这位那仁福是个"棋迷"，平时就好下棋，棋艺也十分了得，见康熙皇帝这样厉害，难免就有些跃跃欲试，想和康熙皇帝切磋一番，但又害怕唐突了皇帝，不敢多言。

康熙皇帝看出那仁福的想法，便笑着问他："会下棋吗？"

那仁福赶紧点头,嘴上却胆怯地回答:"奴才不敢。"

康熙皇帝也不介意,招呼那仁福来和自己对弈。见康熙皇帝没有丝毫不高兴的样子,那仁福也就大着胆子坐到康熙皇帝对面去了。

那仁福是真心爱下棋,一开始下棋,什么身份地位就都抛诸脑后了,哪怕对手是皇帝,他也毫不留情。而且,那仁福也确实棋艺了得,不一会儿,康熙皇帝就渐渐落了下风,神情严肃起来。

旁边的人看着,都替那仁福紧张,没想到这小子居然还真敢去赢万岁爷!这时候,最会察言观色的老太监眼珠子一转,上前一步对康熙皇帝说道:"万岁爷!不好啦,听说山上蹿下一只猛虎!"

一听这话,康熙皇帝就兴奋了,拿起弓箭一跃而起就要去猎虎,临走前随意对那仁福摆手交代道:"你先等着,朕去猎了那老虎再回来和你下完这盘棋!"

当然,老虎是没有的,但康熙皇帝碰上了一只鹿,只以为是那老太监看花了眼,错将鹿给看成虎。一番追赶之后,康熙皇帝成功猎到这只鹿,心里非常高兴,至于那下棋的事儿,早就已经被他抛到脑后去了。

半月之后,康熙皇帝在木兰围场玩够了,回宫途中又经过之前下棋的那处地方,却见那棵大松树底下竟跪着一个人。康熙皇帝突然想起来,自己当时和那仁福还有一盘棋没下完呢!康熙皇帝赶紧上前,见那跪着的人果然是那仁福,但不管他怎么呼喊,那仁福都一言不发、一动不动,上前一看,才发现他竟然已经死去了。

康熙皇帝心中大为震撼,同时也为自己的失信感到羞愧不已。经此一事,康熙皇帝引以为鉴,再也不会随口对他人做出保证了,真正做到了君无戏言。

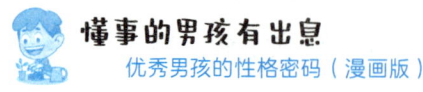

 懂事男孩的成长笔记

很多时候，我们随口做出的保证，却可能成为别人行事的准则，而当这种保证无法实现时，很可能就会成为对别人的一种伤害。就像康熙皇帝，他离开时随口说出的一句话，却让那仁福一直不眠不休地等待在原地，最终甚至因此丢了性命。

当然，在现代社会，我们不是君无戏言的皇帝，不会有一言定生死的悲剧。但即使如此，我们也应该为自己说过的话负责，重视许下的承诺，尤其是对那些没有把握做到的事情，永远不要轻易做出保证。要知道，每一次轻率的保证，每一个未兑现的承诺，最终损耗的都是我们自身的信誉值。

以前的我	现在的我

体育课上，小花向我求救，说她的风筝挂在树上了。我拍着胸脯做出保证，一定帮她拿下来，但其实我不会爬树，结果……	朋友问我周末能不能出去玩，我没有立即答应，因为我不确定妈妈会不会同意帮我向兴趣班请假，所以还是不要轻易做出保证的好。

✌ 我是有出息的男子汉！

　　我曾因为一时好面子，轻易对别人许下承诺，最后却因为没能做到，反而给别人造成了更大的麻烦。从那以后，我再也不会轻易对别人做出保证，尤其是那些我没有把握可以做到的事情。这不是因为胆怯，或惧怕挑战，而是为了不失信于人。

　　我是有出息的男子汉！我会为自己说出口的每一句话负责，会尽力实现自己许下的每一个承诺，当然，我也会牢记，对那些我不确定能够做到的事情，更加不能轻易做出保证。

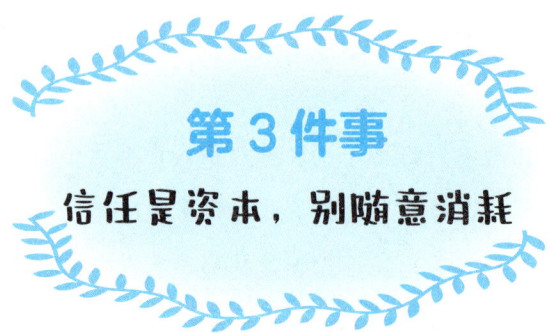

第3件事
信任是资本,别随意消耗

> 信用既是无形的力量,也是无形的财富。
>
> ——松下幸之助(日本企业家、松下电器创始人)

有一个国王,他经常对臣民许诺,但随口说完之后便抛诸脑后,久而久之,他的臣民们便都不再信任他了。后来,邻国的军队攻打过来,因为再没有人肯相信国王的承诺,为国王而战斗,国家就这样被占领了,国王只能狼狈逃亡。

失去王位之后,落魄的国王终于明白了自己的错误,但此时的醒悟已经改变不了什么,一切都太晚了。

这天,国王在路上遇到一个年轻的小伙子,他见小伙子似乎在寻找什么,便好奇地上前问他:"你这是在找什么东西吗?"

小伙子说:"我在寻找国王啊!"

听到这话,国王有些惊讶,他没想到,竟然还有臣民没有遗忘他,于是他兴奋地问道:"你找国王做什么?"

小伙子苦恼地说道:"我曾有幸遇见国王,他对我承诺说,只要我学有所成,他就会赏赐我金银,让我可以赎回我的父母和兄弟姐妹,让我家摆脱贫穷。我相信了国王的承诺,一直十分努力,四处寻访名师圣贤。

如今，我学有所成了，可是却不知道国王在哪里……"

国王无奈地叹了口气，说道："其实我就是你要找的国王，可是现在的我已经丧失了王位，不再是那个高高在上的君王了。我现在只是一个可怜的逃亡者，城镇里还贴着我的通缉令呢！"

小伙子眼中闪过一丝失望，悲伤地说道："我是如此相信你，指望着你兑现自己的承诺，来拯救我的家人，可现在……唉，看来你是无法兑现你的承诺了，我们全家也走不出这无尽的苦难了！"

听到这话，国王心里涌上一丝难过，他想，或许他连世界上最后一个还愿意相信他的人都要失去了。想到这里，国王脑海里涌上一个念头，他突然对小伙子说道："曾经的我总是轻率地对他人做出保证，却又不懂承诺的重要性，由此失去了臣民对我的信任。如今，我已经醒悟了，必定不会再辜负自己的承诺。你放心，我曾承诺过你的事情，必定会兑现！"

小伙子打量着国王破烂的穿着，心里充满了怀疑。看他这副样子，比自己还要落魄，怎么可能兑现承诺呢？

看到小伙子怀疑的目光，国王知道，他这是不相信自己呢。于是，国王微笑着对小伙子说道："看好了，我即将兑现我的承诺！"

说完这话，国王抽出一把闪亮的匕首，插进自己的胸膛，他微笑着对小伙子说道："如今我全身上下，最值钱的大概就是我的头颅了，你将我的头颅拿去吧，献给新的国王，一定能得到丰厚的赏赐。这一次，我终于兑现自己的承诺了！"

懂事男孩的成长笔记

信任是一种可消耗资本，如果一个人总是不能兑现自己的承诺，

那么别人对他的信任就会逐渐损耗，到最后，这个人的承诺就再也没有价值了。

就像故事里的国王，他因为失信于臣民而失去民心，最终失去了自己的国家，而一旦信任损耗殆尽之后，想要再度取信于人，就必须付出更大的代价。最终，国王以付出生命的代价，践行最后的承诺，也终于留住了最后一个臣民的信任。

以前的我

我常常说谎逗朋友们玩，仿佛天天在过"愚人节"，于是后来，哪怕我说的是实话，他们也都不愿再相信了。

现在的我

每做出一个承诺，我都会给对方发一张承诺书，并在兑现诺言后收回，我希望能够通过这样的"游戏"，帮我赢得大家的信任。

✌ 我是有出息的男子汉！

当我值得信任的时候，对于我说出的话，他们都愿意相信，也愿意听从；但当我一次次失信于人之后，哪怕我说的是真话，他们也都不愿意再相信了。信任是一种极其容易消耗的资源，并且在消耗之后很难再重新生成。

我是有出息的男子汉！所以，从今天起，我会为自己说出的每一句话负责，不随意损耗自己的信用度，并努力成为值得别人信任的人。

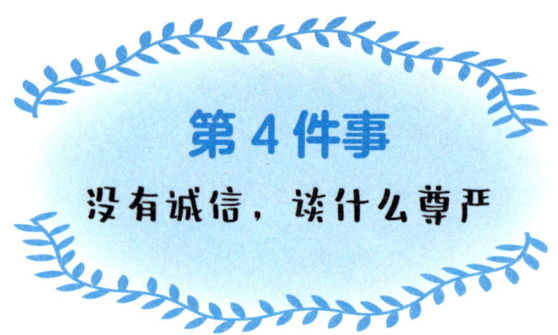

第 4 件事
没有诚信,谈什么尊严

人类最不道德之处,是不诚实与怯懦。

——马克西姆·高尔基(苏联作家)

1835年,美国纽约一家名叫伊特纳的火灾保险公司为了扩大经营,吸引股东,推出一项优惠政策:但凡是愿意加入公司的新股东,只要在股东名册上签下自己的名字,那么不需要马上注入资金,就能享受到良好的收益。

一个姓摩根的年轻人听说这件事后,毫不犹豫地在股东名册上签下了自己的名字,加入了该公司。但不幸的是,还没等这个年轻人享受到所谓"良好的收益",一场特大火灾就席卷了纽约。

面对着一笔笔的高额赔偿,保险公司的股东们都傻眼了,纷纷表示要退股,以便最大限度地挽回自己的损失。

对此,摩根也感到很意外,但他并没有和其他股东一样选择退股,而是决定勇敢地站出来承担身为股东的责任。为了偿还赔偿金,摩根卖掉了自己苦心经营的其他产业,通过自己能够找到的一切渠道进行融资,最终按照合同规定,顺利偿还了所有的赔偿金。

经此一事后,摩根几乎濒临破产,手里除了这间如空壳一般的保险公司之外，几乎什么也没有了。当然，因为之前收购了其他股东退股抛售的股份，摩根也成为这家保险公司最大的股东。

面对这样的境况，摩根实在没有办法，只得把公司投保的保险金额提升了一倍。令人惊讶的是，因为此前该公司按照合同赔偿了所有客户的保险赔偿金，大家都觉得该公司非常靠谱，值得信任，所以即使保额提升了一倍，也有无数人愿意前来投保，结果把伊特纳火灾保险公司挤得水泄不通。

就这样，濒临破产的摩根接到了更多的保单，迅速回笼了资金，不仅买回了从前卖出的产业，还赚了一大笔钱！

这位信誉至上的摩根先生就是美国亿万豪门摩根家族的创始人。

懂事男孩的成长笔记

在这个世界上，无论做任何事情，只要能够得到别人的信任与帮助，都会变得容易得多。而想要获得别人的信任与帮助，那么我们就必须展现出自己的诚信，让别人知道我们是值得信赖的。

就像摩根先生，在面对巨额的赔偿时，他没有像其他人一样，为了保住眼前的利益而想办法钻漏洞，逃避责任，而是义无反顾地承担起了所有的赔偿。而当摩根先生用这样的方式展现出自己的诚信之后，自然也就会有越来越多的人愿意相信他，追随他。最终，即使摩根先生提高了保险的投保金额，也依然有无数人蜂拥而至，为他的诚信投资。

可见，无论何时，诚信都是我们最宝贵的资本，有了诚信，才能获得别人的信赖与尊重。相反，如果没有诚信，那么别人又凭什么尊重你、信任你呢？

懂事的男孩有出息
优秀男孩的性格密码（漫画版）

以前的我

现在的我

因为总是不兑现承诺，大家都叫我"大话王"，并且都不愿意再相信我说的话……

我终于明白了一个道理，诚信越"重"，尊严才越"高"。

✌ 我是有出息的男子汉！

保持诚信其实也是一种对自己的尊重。这意味着我尊重自己说出的话，并且愿意为之而付出努力。如果连我自己都不尊重自己许下的承诺，随随便便就能违背诺言，那么别人也就更不可能尊重我、相信我了。

我是有出息的男子汉！所以，我会捍卫我的尊严，践行我的诺言，用实际行动来维护我的诚信。

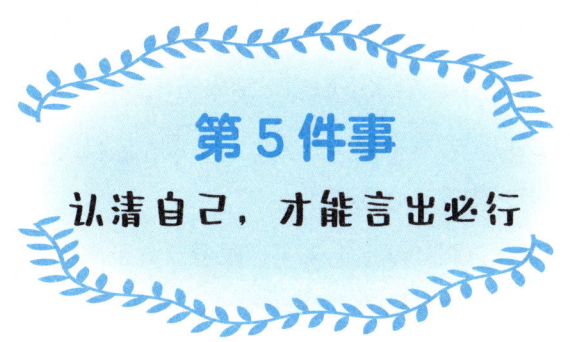

第5件事
认清自己，才能言出必行

> 内不欺己，外不欺人。
>
> ——李叔同（中国艺术教育家、戏剧家、文学家、书画家）

彭教授在某大学任职，深受众人尊敬，可谓桃李满天下。

一次，某报社的主编来拜访彭教授，想邀请他去参加一个文化活动，当然，如果能帮忙募集一些活动资金就更好了。

彭教授和这位主编也是老熟人了，一听对方的请求，拍着胸脯就应承下来："放心放心，我有不少学生，现在不是企业老总就是部门领导，拉个赞助，募集点资金，那都不在话下，没有问题的！"

见彭教授信心十足的样子，主编非常高兴，放开手去搞活动，不仅邀请了许多有头有脸的人物，还给媒体都放了话，把活动规模直接扩大一倍。结果，活动眼看都要开始了，彭教授也没给报社拉到一笔赞助。到后来，就连人都联系不上了。

其实，彭教授也不是故意搞"失联"，当时为了给报社拉赞助，他也是说破嘴、跑断腿的，可没想到，那些人全是当面一个个拍着胸脯、指天发誓，一等到要掏钱的时候，就谁也不吱声了。没法子，彭教授也不知道要怎么面对主编，只好"玩消失"了。

彭教授的父亲知道这件事后，给彭教授讲了一个故事。

一次，华歆和王朗一起坐船躲避强盗，这时，突然有个人跑来，请求他们让他在船上躲一躲。华歆不愿意，结果被王朗斥责说："你怎么能见死不救呢？船上空得很，难不成还容不下一个他？"

话说到这份上，华歆只好同意了。

后来，没过多久，强盗就追上来了，眼看双方距离越来越近，王朗很担忧，就想把之前上船的那人给丢下去，减轻船的负重，让速度快一点。这时，华歆却不同意了，他说道："当初我之所以不同意救这个人，就是担心出现这样的状况。但既然我们已经救了他，那就应当遵守承诺，而不是半路把他丢下！"

听完父亲讲的故事，彭教授羞愧不已，也终于认识到了自己的错误。虽然一开始他想要帮助主编的心是好的，但由于错估了自己的实力和影响力，导致事情没能成功，反而"坑"了主编一把，伤害了彼此的交情，这真是得不偿失啊！

很多时候，我们在对别人许下承诺时，并不认为自己会有失信的可能。只是当真正开始践行时，才发现许多事情超出了自己的控制。就像彭教授，在向主编承诺的时候，他的确认为这是一件自己轻松就能完成的事情。而之所以会出现这样的结果，说到底，还是因为对自己缺乏清晰的认知。

要想做到言出必行，单靠主观的意愿是不够的，生活不是"心想事成"的童话，很多时候，有的事情，即使我们主观上再想做成，客观条件不足，实力不够，也同样是无法完成的。所以，要想真正成为一个言出必行的人，我们就必须对自己有足够的认识和了解，只有这样，我们才能知道，什么事情是我们可以做出保证去完成的，什么事情是我们没有足够把握去承诺的。

以前的我　　　　　　　　　现在的我

我不是故意失信的，只是每次要履行承诺时，才发现原来我做不到……

每次许下承诺之前，我都会认真权衡，思考自己究竟能不能做到，因为只有认清自己的实力，才能真正做到言出必行。

我是有出息的男子汉！

很多时候，我都以为自己无所不能，所以在别人需要帮助时，我总会热心地做出保证、许下承诺。或许我的出发点是好的，但当我因能力不足而无法兑现自己的承诺时，却给别人造成了更大的麻烦。我想，要避免再犯这样的错误，我首先得对自己有更清晰、全面的认识，只有真正了解了自己，

懂事的男孩有出息
优秀男孩的性格密码（漫画版）

我才不会再许下兑现不了的诺言，真正做到言出必行。

我是有出息的男子汉！为了能够更好地对自己的言行负责，我会更努力地认识自己、了解自己，做到内不欺己，外不欺人。

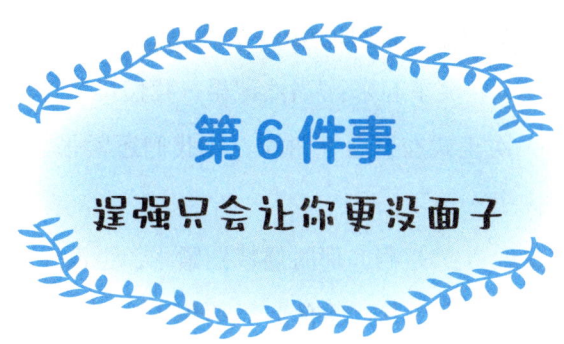

第6件事
逞强只会让你更没面子

> 虚伪的真诚，比魔鬼更可怕。
>
> ——拉宾德拉纳特·泰戈尔（印度作家、诗人、社会活动家）

有一个年轻人，因为自尊心很强，非常好面子，所以对于别人提出的要求，不管能不能做到，都会拍着胸脯应承下来。

参加工作以后，他把这个毛病也带到了工作中，不论上司下达什么任务，他都拍着胸脯应承。但很多时候，因为各种各样的原因，哪怕他拼尽全力，也都没办法按时按量地完成上司的要求，因此经常被上司批评。

年轻人自己也感到非常委屈，他认为上司每次下达给他的任务都非常艰巨，时间也根本不够用，上司这么做，就是故意要"刁难"他，对他有意见。

事实上，和同期进入公司的新人相比，这个年轻人的工作能力确实不弱，做事效率也不低，但上司显然也并不是在故意针对他。对上司来说，他所下达的任务都是他以自己的能力为参照来估量的，而且在下达任务时，他也曾询问过年轻人是否能完成，或者有没有什么问题存在，但对方每次都信誓旦旦地答应下来，结果最后又做不到，久而久之，他自然就对这个年轻人有意见了。

年轻人的老师知道这事后,决定和年轻人好好谈一谈,他问年轻人:"你还记得我第一次给你们上课时的情况吗?"

年轻人回忆片刻,笑了起来:"当然记得,我们班是你带的第一届学生,那也是你第一次正式在讲台上讲课,比我们还紧张。45分钟的课,10分钟你就给讲完了……"

老师也笑了,说道:"是啊,那时候特别紧张,也没经验,自顾自地就往下讲,内容全讲完了一看,还有半个多小时,太尴尬了。你还记得后来发生了什么吗?"

年轻人回答道:"当然记得,你当时很紧张地告诉我们,这是你第一次正式在讲台上给学生讲课,我们是你带的第一届学生,所以业务不熟练,以后会和我们一起努力学习,争取当一名好老师。"

老师又问:"那时候,你们嫌弃我吗?会不会觉得我讲课太烂了,就看不起我?"

年轻人急忙道:"当然不会!谁又不是天生就会讲课的,更何况,你还十分坦诚地承认了自己的不足,我们都非常佩服你!"

老师笑了:"如果当时我不向你们解释,坦承自己是个没有经验的'菜鸟'老师,反而一直逞强,用各种各样的借口来掩饰,不肯承认自己的不足,你们还会喜欢我吗?"

年轻人沉默了,若有所思地看向老师,过了许久才缓缓摇了摇头,叹息道:"你说得对,是我想错了,很多时候,逞强反而更会让人丢面子。"

在现实生活中,有很多人其实都是这样,为了所谓的面子和尊严,明

明自己做不到的事情,也总是会为了逞强而胡乱答应,许下承诺。殊不知,承诺过后却无法做到,这才是更让人丢脸的事情。

更何况,比起虚伪的逞强,真诚的示弱反而更能赢得别人的好感,获得别人的理解。就像那位老师,当他还是个"菜鸟"的时候,他并没有掩饰自己缺乏经验的事实,而是用坦然真诚的态度,在学生面前承认了自己的不足,而这种诚恳,恰恰帮他赢得了学生的支持与喜欢。

所以,请记住,真诚才是最好的名片,别为了逞一时的强而损耗自己的信誉,这只会让你更丢面子。

以前的我

我总以为,只要许下承诺就能证明我的勇敢,但最后,失信却让我收到了更多的嘲笑。

现在的我

对于做不到的事情,我已经学会了说"不",因为逞强只会让我更没面子。

✌ 我是有出息的男子汉!

每当别人向我发出"请求帮助"的信号时,我都会下意识地想要点头,因为说"不"似乎是件很丢脸的事,这会显

得我没有那么厉害。但我知道，如果我答应了我根本无法完成的事情，那么最后的结果只会是自己丢更大的脸，所以，我会告诫自己，一定不能逞强，诚实地面对自己，坦然地承认自己的不足，这才是正确的做法。

我是有出息的男子汉！我不会再为了所谓的"面子"而逞强，我相信，比起逞强地许诺，坦诚地说"不"更能赢得别人的好感。

Part 2
扛得起责任，才活得出精彩

> 一个人若是没有热情，他将一事无成，而热情的基点正是责任心。
> ——列夫·尼古拉耶维奇·托尔斯泰（俄国作家）

以前的我

现在的我

放学时，我在骑车回家的路上把小区内停放的汽车刮了一道痕迹，我怕车的主人责备我，没有停下来，但回到家后，我忐忑不安，感到很内疚。

我把事情告诉了爸爸妈妈，得到了爸爸妈妈的原谅，我和爸爸一起去给车主人道歉，赔偿了车的维修费。

第7件事
树立自己的责任意识

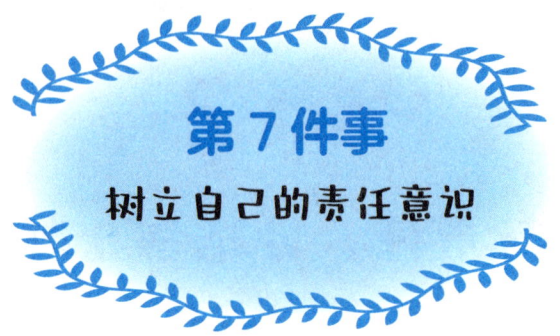

人生须知负责任的苦处，才能知道尽责任的乐趣。

——梁启超（中国近代维新派领袖、学者）

1920年的一天，一个12岁的美国小男孩和伙伴们在社区里踢足球，他一不小心，把球踢到了一户人家的窗户上，把玻璃砸了个粉碎。屋子主人怒气冲冲地跑出来，大声责问这群捣蛋鬼，究竟是谁把窗户打破的。

看到怒气冲冲的主人，小伙伴们都吓得纷纷逃跑了，只有小男孩留了下来。他忐忑不安地走到主人面前，向主人道歉，表示自己愿意承担责任，作出赔偿。

回到家以后，小男孩抽抽噎噎地把事情告诉了父母，并请求父母帮忙就他打坏的窗户作出赔偿。小男孩的父亲听完事情的始末之后，严肃地对小男孩说："你没有逃跑，而是留下来承认错误，这很好。但既然是你自己闯的祸，那么你就必须自己负责、自己弥补。现在你没有钱，我可以先替你赔偿给人家，但你要记住，这是我借给你的，你必须想办法还给我。"

小男孩点点头同意了，父亲给了他15美元。小男孩拿着钱飞快地跑了出去，把钱给了屋子主人。

之后，为了尽快把钱还给父亲，小男孩开始一边读书，一边利用空闲时间打工赚钱。因为年纪小，找不到什么正经工作，小男孩便通过帮邻居除草、取报纸，以及在附近餐馆刷盘子来赚取。经过几个月的努力之后，小男孩终于挣够了15美元，把这笔钱还给了父亲。

有朋友知道这件事后，私下劝小男孩的父亲，说孩子年纪还小，没必要对他这么严格，而且，只是15美元罢了，也不是什么大钱。但小男孩的父亲却说道："这不是钱不钱的问题，既然是他自己闯的祸，那么他就要懂得自己去承担责任，一个能够为自己过失负责的人，将来才能有出息、干大事。"

许多年之后，这位小男孩正如父亲所期望的那般，成为一个有出息的大人物，他就是第40任美国总统罗纳德·威尔逊·里根。

懂事男孩的成长笔记

责任是一种担当，一种意识。很多年纪小的孩子在犯错时，往往会得到长辈的宽容处理，殊不知，这种宽容实际上对孩子树立责任意识是没有任何好处的，只会让他们习惯犯错的"低成本"，甚至在犯错后心安理得地把事情交给父母长辈去面对和处理。

从里根的故事可以看到，他的父亲在教育他的时候，一直在努力帮助他树立责任意识。在其他孩子都害怕而逃走时，只有他勇敢地留下来承担了责任。而在弥补所犯的错误时，他的父亲也没有完全帮助他承担责任，而是在对住户进行赔偿后，让他依靠自己的力量，通过打工来还上了这笔钱。

正是因为从小树立了良好的责任意识，里根才能成长为有出息的男子汉，取得这样惊人的成就。

以前的我	现在的我

因为值日生忘记关窗户，老师责备了我，就因为我是班长。但我认为，这件事应该是劳动委员管的，所以应该去责怪他。	作为班长，我积极树立责任意识，懂得了如何扛起肩上的责任，对班级的事情负责，老师也表扬了我。

我是有出息的男子汉！

当我犯错的时候，如果选择逃避来推卸责任，通过道歉来获得原谅，那么久而久之，我或许就会认为，犯错不是什么大不了的事情，因为只要逃避，只要道歉，那些错误就都能烟消云散。一旦这种认知形成，那么必然会模糊我的责任意识，让我成为一个不敢承担责任的人。

我是有出息的男子汉！在犯错时，我不会逃避，也不会推卸责任，我会用实际行动为自己的错误付出代价。因为我知道，只有这样，我才能真正将"责任"二字铭刻心间，也才能真正懂得责任的意义与"重量"。

第8件事
敢做敢当，才是真的担当

> 每个人都应当有这样的信心：人所能负的责任，我必能负；人所不可以负的责任，我亦能负。这样，你才能磨炼自己，求得更高的知识而进入更高的境地。
>
> ——亚伯拉罕·林肯（美国第16任总统）

在东汉时期，有一个名叫李膺的人，他在当时读书人的心中，就像是现代的巨星一样，有非常多的"粉丝"，并且还被这些"粉丝"奉为"天下楷模"。

李膺之所以能让这么多人"顶礼膜拜"，不仅是因为他满腹经纶，更重要的是他的品德十分高尚，敢作敢当，是真正的大丈夫。

在桓帝时期，宦官专政，李膺担任司隶校尉一职，负责监察百官。张朔是桓帝所宠信的宦官张让的弟弟，当时仗着兄长的权势，张朔四处欺男霸女。有一次，张朔突然想看看没出生的婴儿是什么样的，就残忍地杀害了一名孕妇。李膺得知这事后，非常愤怒，亲自带人去逮捕了张朔，并直接处以死刑。

因为这件事情，李膺得罪了张让。后来，张让便使人诬告李膺，说他结党营私，笼络太学生。桓帝大怒，直接将李膺逮捕下狱，但由于此案牵涉到一些宦官子弟，弄得这些宦官也不敢真把事情闹大，最后李膺也只是被罢免了官职了事。

到灵帝时期，宦官和士人之间的斗争更加激烈，由此掀起了东汉历史上的第二次"党锢之祸"，作为天下读书人楷模的李膺自然也被牵涉其中。当时，宦官集团占据上风，许多士人都遭到了迫害，有人给李膺通风报信，让他赶紧逃跑，但李膺却回答说："临事不怕危难，有罪不避刑罚，这是做臣子的气节。"之后，李膺不仅没有逃跑，甚至还干脆主动去"自首"了，但即便这样，仍被宦官集团迫害致死。他的门生、故吏、亲属都受牵连，终身不得为官。

当时，有个名叫景毅的官员，是李膺的"铁杆粉丝"，一直非常崇拜他，但他刚想尽办法让自己的儿子做了李膺的学生，结果连名字都还没登记，李膺就出事了。但也因为这样，景毅逃过一劫，没被牵连到。但景毅非但没有因为逃过一劫而庆幸，反而主动站出来说明了自己与李膺的关系，并挂印辞官，带着老婆孩子回家种地去了。

有人觉得景毅的做法非常愚蠢，但景毅却说道："我当初之所以让儿子拜李膺为师，就是因为敬重他是一名贤者。虽然名册中还没登记我儿子的名字，但我却不能因为这样就选择否认和隐瞒。"

对于李膺和景毅的做法，很多人可能会觉得有些"愚蠢"，明明有机会逃过一劫，为什么非得自己撞上去"送死"呢？

这是因为，无论是对李膺还是景毅来说，除了自己的生命安全和财富权势之外，还有更加重要的东西需要他们去捍卫，那就是身为一个顶天立地男子汉的气节。对于自己做过的事情，无论好与坏，都要敢于面对和承担，而不是为了逃避一时的惩罚而选择否定和逃避，而这也正是他们能够得到世人敬佩和尊重的重要原因。

| 以前的我 | 现在的我 |

我不小心打碎了妈妈最喜欢的杯子,妈妈一定会骂我,怎么办呀?或许我可以告诉妈妈,是小猫打碎的……

我不小心打碎了妈妈最喜欢的杯子,虽然妈妈以为是小猫顽皮打碎的,但我还是勇敢承认了错误。

✌ 我是有出息的男子汉!

有时候,我们做过的事情或犯下的错误未必会被别人知道,但哪怕"逃过一劫",我们也逃不过自己的原则和良心。无论是对是错、是好是坏,只要是我们自己做过的事,说过的话,我们作为男子汉就应该有承担相应责任与后果的决心,做到敢做敢当。

我是有出息的男子汉!所以,从今天起,直面每一次犯下的错,不逃避、不畏惧——敢做敢当,才是真的担当!

第9件事
坦承你的错误

> 有错误要逢人便讲，既可取得同志的监督和帮助，又可以给同志们以借鉴。
>
> ——周恩来（中华人民共和国开国元勋）

提到物理学，人们必然会想到一个人——阿尔伯特·爱因斯坦。他被誉为人类历史上最具创造性才智的人物，是20世纪最伟大的科学家、思想家。但就是这样一个厉害的人物，在他70岁生日时，却对好友索洛文说了这样一段话，他说："我感到在我的工作中，没有任何一个概念是能很牢靠地站得住的，我也不能肯定我所走的道路就一定是正确的。"

爱因斯坦之所以会有这样的感慨，很大程度上是因为1917年的时候他的一个失误。

1917年，也就是爱因斯坦创立广义相对论的第二年，荷兰物理学家德西特在研究宇宙的稳恒态性问题时，发现引力场方程的宇宙解是动态而非静态的。简单来说就是，宇宙并非一直静止保持某种状态，而是要么在收缩、要么在膨胀。然而，爱因斯坦却始终坚持静态宇宙的概念，甚至为了证实这一点，不惜在方程中引进一个"宇宙项"。

按照当时的物理学发展水平，以及已知的宇宙观测事实，这个结论似乎并没有什么问题。但在1922年的时候，美国学者弗里德曼却通过数学方法，证明了宇宙确实并非静态的，而是一直在均匀地膨胀或收缩。面对这样的结果，固执的爱因斯坦却仍旧不肯承认自己错了。

一直到1929年，美国天文学家哈勃在观测远距星云时，发现远距恒星发出的光谱存在红移现象，而且距离地球越远的恒星，光谱线的红移就越大，这意味着，恒星和地球的距离并不是固定不变的。

面对哈勃发现的这一"铁证"，爱因斯坦才终于承认自己静态宇宙模型的失误。这个错误带给爱因斯坦的打击无疑是非常沉重的，但他并未因此而选择逃避，而是十分坦诚地面对并接受了这一切，他把这次失误称为自己"一生中最大的错事"，并收回了曾经对弗里德曼等人的错误批评。不得不说，也正是因为拥有这样宽广的心胸，以及面对失误的勇气，爱因斯坦才能取得如此伟大的成就。

面对错误是需要很大勇气的，尤其是那些自身已经取得很大成就的成功者。但如果一个人连面对错误的勇气都没有，那么他这一生恐怕也就很难再有所进益了。

爱因斯坦是值得人敬佩的，虽然他也曾因坚信自己的正确而不肯接受别人的意见。但在确实意识到自己犯错后，他并没有选择利用自身的影响力来将这个错误遮掩或敷衍过去，而是勇敢地承认，并牢牢记住了这个教训。

就像美国第一任总统华盛顿，他在年幼时不小心砍倒了家里的一棵樱桃树，也没有选择逃避，而是直接向父亲承认错误，并得到了原谅。

可见，真正有本事的人，是不会惧怕犯错的，也只有不惧怕犯错的人，才能创造出伟大的成就。

以前的我	现在的我

如果我是华盛顿，我会悄悄把小斧头藏起来，反正也没人看到是我砍的树，他真是太笨啦！	我明白了诚实的可贵，我想如果我像华盛顿一样，砍倒了爸爸的樱桃树，那么我也会勇敢站出来承认错误的！

✌ 我是有出息的男子汉！

我曾以为，犯错是一件羞耻的事情，所以在犯错后，都会下意识地想要掩盖自己的错误，希望没有人能注意到。后来，我发现，犯错其实并不可耻，真正可耻的，是在犯错之后连承认和面对的勇气都没有。

我是有出息的男子汉！从现在起，当我犯错时，我会勇敢坦承自己的错误，并想办法去弥补。犯错不是可耻的，但如果犯错之后，却还不懂得认错，那就是真的可耻了。

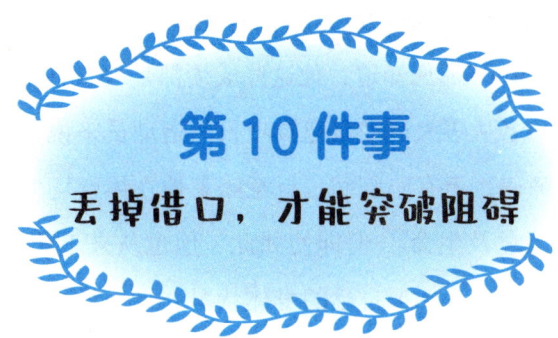

第10件事
丢掉借口，才能突破阻碍

一个人越是敢于承担重大责任，他就越勇敢。
——班斯腾·班生（挪威作家、诺贝尔文学奖获得者）

当你想要做一件事，但面前却充满无数的阻碍时，你会怎么做呢？是丢掉一切借口，勇敢地向前，还是寻找种种"理由"，心安理得地退却呢？

有一位先生，人到中年，却依然在公司底层挣扎，时刻都面临着失业的危险。生活的压力最终影响到了他的健康，没办法，他只好听从妻子的建议，预约了一位心理医生。

见到医生后，这位先生开始喋喋不休地抱怨："生活真是一团糟！我每夜每夜都睡不着，感到非常痛苦。我的事业毫无起色，我也想过去争取上升的机会，但我的老板却总给我提出十分过分的要求。前些日子，他竟然想要派遣我去海外营业部，是的，这或许是一个升迁的机会，可是我都已经这个年纪了，我的健康状况也不容乐观，他为什么不能给我一个本部的职位呢……"

听着这位先生喋喋不休地为自己毫无起色的事业找借口，医生想了想说道："您听说过罗杰·布莱克吗？一位世界级的运动员。"

这位先生点点头:"是的,我知道他,他曾获得过奥林匹克运动会400米的银牌和世界锦标赛400米接力的金牌。"

医生接着说道:"那您知道,他这些成绩都是在患有心脏病的情况下获得的吗?对一名从事大运动量竞技项目的运动员来说,心脏病就是一道难以跨越的障碍,患有心脏病,就意味着他在体育场上很难有出色的发挥,甚至可能危及生命。但即使如此,他也从来不曾半途而废。有人曾问过罗杰,为什么不把自己的身体状况公之于众,这样的话,即使他表现不佳,人们也会谅解他,给予他极大的支持。但罗杰却说:'即使失败,我也不希望将疾病当作借口。'"

听到这里,那位先生再也说不出什么为自己开脱的话了。很多时候,失败是一种必然,因为失败者总能为自己找无数的借口,来让自己心安理得地接受失败与平庸。

每个人都希望自己做一切事情都能占据天时、地利、人和,于是在这些条件都无法达到完美时,就心安理得地放弃努力和尝试。但人生中哪里会有这么多的天时、地利、人和呢?不管做什么,都不存在百分之一百的成功,和毫无风险的保证,不管你考虑得再周详,再仔细,也可能突然出现预料之外的状况。

如果你总是试图在做每一件事情之前,都要先做好"万全的准备",那么你可能永远都无法开始这件事,因为无论多少准备,都不会是"万全"的,而这也只会成为让你心安理得逃避风险与责任的借口。无法丢掉这种借口,你就永远无法突破失败的阻碍,抵达成功的终点。

Part 2 扛得起责任，才活得出精彩

| 以前的我 | 现在的我 |

每次做错事情，我总是习惯为自己找借口，久而久之，我发现自己再也没有进步和提升了。

我不再为自己找借口，正视每一个困难，并努力战胜它，这就是我能够变得越来越优秀的原因。

✌ 我是有出息的男子汉！

不管做任何事情，都有失败的风险，如果因为惧怕风险就不行动，那么我永远都不可能抵达成功的彼岸。当然，在开始做一件事情之前，我也依然会进行一些计划与安排，这能够帮助我更好地达成目标，但我也不会因为存在风险就一次次推迟行动。因为我明白，没有任何计划是天衣无缝的。

我是有出息的男子汉！我会把自己的想法都付诸行动，不会让自己有机会找借口来拖延，也不会心安理得地选择放弃和退缩。

第11件事
负责不只是说说而已

> 明智的人决不坐下来为失败而哀号,他们一定乐观地寻找办法来加以挽救。
>
> ——威廉·莎士比亚(英国剧作家、诗人)

吉艾丝是一名来自美国的记者,有一次,她到日本东京旅游,听朋友说奥达克余百货公司的服务非常好,便打算去那里选购一份礼物,送给自己准备前去拜访的长辈做见面礼。

到了百货公司之后,一切正如朋友所说的那般,售货员十分友好,为她介绍商品时耐心十足、彬彬有礼。最后,吉艾丝购买了一台唱机,高高兴兴地回到了住处。

原本这一切都非常美好,但当吉艾丝拆开包装准备检查试用时,却发现这台机子内部竟然空空如也,根本就没有装载内件,完全无法使用。吉艾丝非常愤怒,哪怕她知道这或许只是销售人员一次小小的失误,但确实给她造成了很大的麻烦,打乱了她的计划和安排。

怀着这样的坏情绪,吉艾丝打开随身携带的笔记本电脑,迅速写下一篇新闻稿,通过自己的亲身经历,对奥达克余百货公司进行了猛烈的抨击。

然而，令她感到意外的是，第二天一大早，就在她准备带着唱机去百货公司进行调换时，一辆汽车已经停在了她的门前。从车上下来的，是奥达克余百货公司的总经理，和一个拎着大皮箱的员工。他们前来拜访吉艾丝，就是为了向她道歉，并且弥补他们所犯的错误。

通过经理的讲述，吉艾丝大致明白了昨天发生的事情。昨天下午，就在她带着唱机离开之后，销售人员在清点商品时，发现他们竟错将一台空心的货样打包卖给了一名顾客。这可是一次巨大的失误！销售人员立即将这件事上报给了总经理，总经理急忙将所有相关人员都召集起来开会，讨论要如何弥补这次失误。

当时，吉艾丝唯一留下的线索只有两条，一个是她的名字，另一个则是一张美国快递公司的名片。根据这两条线索，百货公司接连拨打了32个紧急电话，向东京的各大宾馆进行询问，但都没有找到符合条件的人。之后，百货公司只得直接打电话到美国的快递公司总部寻求帮助，从而找到了吉艾丝住在美国的父母的电话号码。接着，他们又打电话到美国，通过和吉艾丝的父母交涉，终于得到了吉艾丝在东京的落脚地址。

讲述完这一切后，总经理将一台全新的唱机，以及公司为向吉艾丝致歉而准备的一张唱片和一盒蛋糕交给吉艾丝，并在再次向她致歉后离开。吉艾丝心中大为震撼，她重新写了一篇新闻稿，赞扬了奥达克余百货公司对顾客的负责态度。

负责不只是一件嘴上说说的事情，而是应该用超强的行动力与最诚挚的态度去执行、去弥补。

就像奥达克余百货公司所做的那样,当他们发现员工出现失误时,没有心安理得地等待顾客自己找上门,也没有为自己的错误找理由和借口,而是积极投入行动,用尽一切办法去解决问题、弥补错误。也正是这样诚挚的态度,让它赢得了顾客的尊重与信赖,也让吉艾丝最终改写了自己的报道。

以前的我

现在的我

为了说服大家,我总是拍着胸脯说:"出了事我负责!"但每次出了事,其实还是要别人给我收拾烂摊子。

我不再把"负责"挂在嘴上,而是用实际行动去查缺补漏,真正做到了扛起责任,顶天立地!

✌ 我是有出息的男子汉!

每次犯错的时候,即使我主动认错,妈妈也一定会让我去做一些事情来弥补我所犯的错误,或者给我一些实质性的惩罚。以前我不明白,为什么明明我已经知错了,妈妈却仍旧不肯轻易原谅我。后来,妈妈告诉我,责任并不只是嘴上说说而已,责任是一种担当,是一种有分量的东西。如果每次犯错,只要在嘴上说一说就能过去,那么我就永远不会明白责任的分量,也永远不会明白"负责"的真正含义。

我是有出息的男子汉!我会用切实的行动去担负属于我的责任,也会在犯错后用切实的行动去做出弥补,而不只是嘴上说说而已。

第12件事
"自我原谅"也该有个底线

以言责人甚易,以义持己实难。

——苏辙(北宋文学家、"唐宋八大家"之一)

去过江苏淮安的人,应该都听说过一条非常有名的巷子,这条巷子名叫"铁锅巷",关于它,还有一个非常有名的故事。

据说在古时候,有一个非常正直的县令,他上任之后,接到一个富商的宴请邀约,秉着和当地乡绅搞好关系的想法,县令欣然去赴约了。

宴席上,富商非常热情,县令不好推脱,便饮了很多酒,最后整个人都醉倒了。富商宴请县令,本就是抱着想要"收买"和贿赂的想法,见县令喝醉以后,便把他带到自己早已安排好的风月场所。

第二天,县令清醒之后懊恼不已,认为自己犯了错,做人的原则被玷污了。但错误已经犯下,不管多懊恼,他都无法让时间倒流。于是,他决定从此之后每个夜晚都去街上为百姓打更巡逻,以此来惩罚自己,并回避掉其他人的邀约。

此后,县令果然夜夜为百姓打更巡逻,每当发现哪户人家没有锁好门,或者存在安全隐患,他都会帮忙解决,但与此同时,他也会把这户人家的锅拿走,存放在靠近县衙的巷子里,以此来警戒百姓。久而久之,这条县令用来存放锅的巷子就被人们叫作"铁锅巷"。

因为县令一直不能原谅自己的错误,始终坚持巡逻,所以,他在任期间,淮安城路不拾遗,治安非常好。

有人曾劝说县令:"浪子回头金不换,既然已经明白了自己的错误,为什么不选择原谅自己呢?"

但县令却说:"如果我们每次犯错都轻易原谅自己,那么结果就是我们不会再把这样的错误放在心上了,这样我们做人的底线也会越来越低,总有一天,会犯下更大的错。"

懂事男孩的成长笔记

我们常常说,人不能沉溺于过去,因为过去的事情已经无法挽回,不管是好是坏,再怎么纠结和痛苦也都不会有任何改变。但不纠结过去,不意味着我们就要轻易忘记自己犯下的错,轻易原谅自己做过的事。

就像县令说的,如果一个人每次犯错都能轻易原谅自己,那无异于在降低自己的犯错成本,久而久之,犯错就会成为一件"没什么大不了"的事情。

所以,请记住,当我们做错事情时,自我原谅也是应该有底线的。轻易就原谅自己,把过去抛诸脑后,这不是洒脱,而是没心没肺。

以前的我	现在的我

每次做错事，我都会轻易原谅自己，我以为这是洒脱，但实际上却是懦弱和逃避。	做错事情后，在原谅自己之前，我学会了面对错误、承担责任，并尽可能地弥补错误，因为原谅也该是件有底线的事情。

✌ 我是有出息的男子汉！

当我犯错时，我不会给自己找任何理由与借口，因为我知道，再多的理由和借口，都不能弥补我的错误，只会让我获得虚假的心理平衡，从而淡化这种错误，轻易地进行自我原谅。这种毫无底线的自我原谅是非常可怕的，它会让我在犯错后变得心安理得，甚至习惯性地推卸责任，而不是从自己身上找问题、找根源。

我是有出息的男子汉！我不怕直面自己的缺点与错误，

当我做错事情时，我不会因纠缠于过去就错过当下，但我也不会毫无底线地原谅自己。我会努力从自己身上找到原因，为自己犯下的错误付出代价、接受惩罚，引以为戒，然后继续奋发图强。

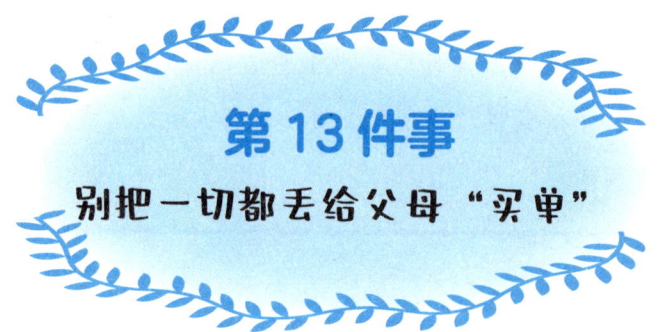

第13件事
别把一切都丢给父母"买单"

男人的第一魅力是责任感。

——余秋雨（中国作家、学者）

人这一生最怕的不是犯错，而是犯错之后却仍旧意识不到自己的错误，甚至把责任全部推到别人头上。

有一个罪犯，因为犯下累累罪行，被抓捕后便直接被判了死刑。按照以往的惯例，执行死刑之前，都会尽量满足罪犯一个愿望，而这个罪犯的愿望则是希望能在死前见一见自己的母亲。

临刑那天，监斩官果然让人把这名罪犯的母亲带来了，母亲看到儿子之后，抱着他哭得肝肠寸断。

就在这时，罪犯突然对母亲说："您凑过来一点，我有些心里话想跟您好好说一说。"

母亲赶紧把耳朵凑了过去，可没想到，罪犯竟狠狠地一口咬向了母亲的耳朵。顿时间，鲜血直流，母亲尖叫着，捂着剧痛的耳朵，怎么也想不明白儿子究竟为什么要这样对待自己。

只听这名罪犯冷笑一声，随即泪流满面地控诉道："我有今天这样的结局，全都是你害的！小时候，我偷了别人家的鸡蛋，你知道以后，不仅没有责怪我,还夸我机灵。后来,我抢了邻居家的鸡,拿回家杀死吃掉,你帮忙藏了鸡毛,邻居找上门来的时候,你也一力维护我。就是因为你,我一直认为,这样做没什么大不了。后来,我越陷越深,从偷东西,发展到了抢东西,再后来,甚至杀了人……现在呢,我被人抓了,很快就要被处死,而这些,都是因为你!如果你从我小时候就好好教育我,在我第一次犯错时就严厉地惩罚我,纠正我,我又怎么会变成今天这个样子呢……"

罪犯的话让母亲愣住了,她怎么也没想到,自己将所有的爱都给了儿子,可最后,儿子竟会这样怨恨他。

而听到罪犯话的监斩官却摇了摇头,叹息道:"事到如今,你依然没有意识到自己的问题所在。你将所有坏的结果都归之于父母,却从未想过从自己身上找问题,正视自己所犯的错误,承担自己理应承担的责任。好与坏是习性,而非本性,不是与生俱来,更不是父母所生。或许你的父母确实有一定的责任,但更多的,还是在于你自己本身啊!"

懂事男孩的成长笔记

罪犯把自己走向犯罪的原因全部归结于父母的教育,这其实是非常可笑的,就如监斩官说的那般,时至今日,他也没有明白自己的问题出在哪里。

不可否认,父母的教育方式确实对孩子有着极大的影响,但我们也是有思想、有灵魂的独立个体,我们所做的事情,最终都是自己的选择。换言之,罪犯之所以走到今天的结局,父母固然有不可推脱的责任,但作为犯下错误的主体,更多的责任显然还是在罪犯自己身上。

以前的我	现在的我

每次闯祸，我都会大喊"爸爸"和"妈妈"，把事情都交给他们去处理，这样我就不用担心啦！	我开始尝试努力解决遇到的困难，而不是第一时间去向家长求救。我知道，只有学会独立行走，才能变成真正的男子汉！

✌ 我是有出息的男子汉！

每个人都应该懂得为自己的言行负责，为自己的错误买单，而不是将一切都推到别人头上——这是我在成长过程中学到的最重要的道理。

我是有出息的男子汉！我敢于为自己所做的一切事情负责，无论是好的还是坏的。我明白，只有真正懂得了这一点，我才能明白责任的重要性，也才能在做任何决定之前，都记得慎重考虑，三思而行。

Part 3
怀一颗上进的心，走一段辉煌的路

> 每一个人要有做一代豪杰的雄心壮志！应当做个开创一代的人。
> ——周恩来（中华人民共和国开国元勋）

以前的我　　　　　　　　现在的我

英语测试卷发下来了，由于平时没有学习计划，我的考试测评结果太糟糕了。

我下定决心制订学习目标，调整学习计划，每天坚持预习和复习。经过三个月的努力，我的各科测评都得到了优秀。

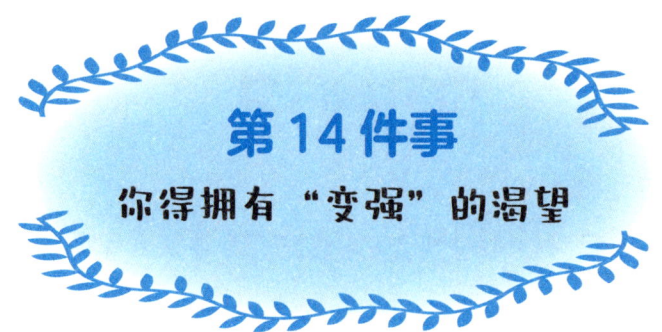

第14件事
你得拥有"变强"的渴望

志不立,天下无可成之事。

——王守仁(明代理学家、教育家)

一个人是否强大,究竟是由什么决定的?是先天的基因,还是后天的努力?或许看完这个故事,你就有答案了。

悬崖峭壁上,有一处鹰巢,巢里有许多正在孵化的蛋,其中有几只已经破壳了,钻出毛茸茸的小鹰。小鹰蜷缩在温暖的巢穴里,叽叽喳喳地叫着,你挤挤我,我挤挤你,谁也没注意到,有一只还没孵化的蛋被挤出了巢,"咕噜噜"地滚下了山。

山边有一个鸡窝,这只蛋滚啊滚,正巧滚进鸡窝,和一堆正在孵化的鸡蛋混在了一起。不久后,鸡窝里的小鸡们纷纷破壳了,这只不慎滚落到这里的小鹰也一同破壳了,虽然它的毛色似乎和周围的"兄弟姐妹"有些不一样,但有什么关系呢?反正它们都是从一个窝里孵出来的!

于是,从此之后,这只小鹰便和小鸡们生活在一起,并且一直都以为自己是一只小鸡。每天,它都和其他小鸡一起,跟在鸡妈妈身后去草地上玩耍、找虫子,虽然它的爪子似乎长得比其他鸡更锋利,它的翅膀也长得比其他鸡更有力,但它从来没想过要改变自己的生活方式,因为所有的鸡都是在这样生活。

随着时光的流逝,它越长越大,和其他的鸡也长得越来越不像。有一天,它在山脚下见到一只鹰,那是一只有着尖利爪子和巨大翅膀,翱翔在蔚蓝的天空中的鹰。这一刻,它突然产生了一种想要飞翔的冲动,它发现,它或许并不是一只鸡,而是一只可以翱翔蓝天的鹰!

怀着这样的冲动,它爬到了一个小土坡上,奋力拍打着翅膀,冲了出去。可它没想到的是,虽然它确实是一只鹰,但这么多年来,它从来都没有用翅膀飞翔过,这双翅膀早就已经退化了,根本不能带着它飞向蓝天。它直直地摔落到地上,满头满脸的灰尘,最终,它叹了口气,继续回归了鸡的生活……

一个人想要进步,首先就得先拥有变强的渴望,因为只有先拥有了这种渴望,才能激发自己努力的决心,否则一切都是徒劳。

就像故事中的这只鹰,即使它是一只货真价实的鹰,但当它一直坚信自己是只小鸡,并且始终安于现状时,哪怕拥有一双翅膀,也是无法飞起来的。哪怕最后,它终于发现自己的真实身份,却也因为缺少渴望飞翔、渴望变强的一颗心,而轻易接受翅膀退化的命运,继续安分守己地去做一只鸡。

以前的我	现在的我

考试，及格就好；做事，不错就行。反正天塌了也有个儿高的顶着！	我想变强，想成为更优秀的人，想站在领奖台上，感受一下做优等生的感觉。这样的渴望推动着我不断努力，于是，我真的成功了！

我是有出息的男子汉！

人的主观意愿是非常强大的，当我对一件事情不感兴趣时，哪怕去做这件事，也通常不会投入太多的时间与精力，更不可能去压榨自己的潜能。但如果我对一件事感兴趣，那么在做这件事的时候，哪怕成功的希望十分渺茫，我也会竭尽所能。

我是有出息的男子汉！在变强的道路上，我会一往无前，不畏艰险，因为我始终拥有着一颗想要变强的心，我是雄鹰，不是小鸡！

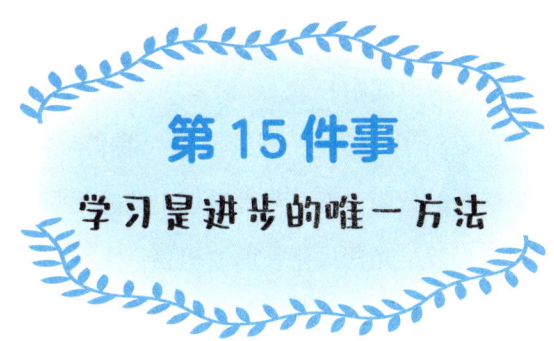

第15件事
学习是进步的唯一方法

只要还有什么东西不知道,就永远应当学习。

——吕齐乌斯·安涅·塞涅卡(古罗马哲学家、戏剧家)

学习是人进步的唯一有效途径,因为没有任何人是生而知之的,不管你有多么聪明的头脑,如果不学习,就不能获得新的知识,也就无法让自己变得更优秀。

古时候有一个王子,年轻时非常好学,大家都十分钦佩他,王国的大臣也都愿意追随他,拥护他。后来,这位王子登上王位,成为国王。

自从成为国王之后,他开始成天吃喝玩乐,不再学习新的知识,久而久之,他的国家变得越来越落后,越来越弱小。

后来,这位国王老了,反思自己平庸的一生,突然觉得十分懊悔,很想努力学点本事,为自己的国家做点实事。但一想到自己的年纪,老国王又陷入了忧伤,一切都来不及了呀!

聪明的宰相发现了国王的异状,关心地问道:"陛下可是有什么烦恼?不如说出来让我帮您分忧!"

国王叹息道:"回顾过去种种,我感到十分懊悔,很想学习,却又担心为时已晚。"

听到这话,宰相笑道:"既然晚了,那么不如点亮蜡烛?"

国王瞪了宰相一眼,不高兴地嘟囔道:"我说的是天色晚吗?我是在感叹年纪大了,已经没有时间啦!"

宰相恭敬地对国王行了一个礼,继续说道:"我曾听哲人说过,'人在年少时好学,就如初升的朝阳一般,光辉灿烂,前途无限;人在壮年时好学,就如中午的烈日一般,光芒大盛,前途坦荡;人在年迈时好学,那就如蜡烛的微光,虽逊色于日月的光辉,却也能照亮黑夜中的前路。'"

听了宰相的话,国王忍不住拍着手激动地说道:"讲得好!那么就从现在开始吧,让我开始学习,总还能再为这黑夜点燃一点烛光!"

我们所生活的世界一直在马不停蹄地向前发展,一切事物都在日新月异地变化着。而想要跟上世界的发展,我们就必须不断学习,不断更新知识储备,这样才不会被碾压在历史的车轮底下。

就像故事中的国王,当他还是一名年轻的王子时,因为乐于学习,他成为无数人都愿意追随的优秀统治者。而当他停止学习之后,不仅他自己,更是连他管辖下的整个王国都变得越来越落后,越来越弱小。

虽然到幡然醒悟的时候,这位国王已经不再年轻,但学习从来不会拒绝任何人,只要愿意学,肯用心学,就必然能够有所收获。就像宰相所说的那般,虽然老国王已经错过了学习的黄金时间,但只要肯学,就必然能得到回馈,哪怕这些回馈只是黑暗中一点小小的烛火,也总能为这黑暗点亮一盏微光,照亮脚下的路。

活到老、学到老,只要想学,就永远都不会晚。而学习也是进步的唯一有效途径,只有不断学习,不断更新你的知识储备,才能与时俱进,跟上社会前进的步伐。

以前的我　　　　　　　**现在的我**

上课睡觉，放学疯玩，混混日子，又是一天。没办法，谁让学习那么枯燥乏味呢？

学习是进步的阶梯，当我开始努力学习后，我发现自己变得越来越优秀。

✌ 我是有出息的男子汉！

当我想了解一个新事物时，学习是最快也最有效的方法；而当我想要提升自我，获得进步时，学习也是唯一的途径。没有任何一种知识是一开始就镌刻在人类大脑中的，想要了解和掌握它，就得不断地去学习、去研究。

我是有出息的男子汉！我想拥有更多的知识，我想获得更大的进步，而我知道，想要实现这一切，途径只有一个，那就是学习！

懂事的男孩有出息
优秀男孩的性格密码（漫画版）

第16件事
克服自卑，相信自己

先相信自己，然后别人才会相信你。

——罗曼·罗兰（法国作家、音乐学家、社会活动家）

我们总能轻而易举就从自己身上找到诸多缺点，或比不过别人的地方，如果我们的眼睛总是盯着这些不放，那么自卑的情绪就会悄然滋生，磨灭掉我们的自信与傲气，将我们阻隔在成功的大门之外。

凯丝·达莉是美国电影界和广播界的一位著名歌星，拥有令人沉醉的天籁之音。歌迷们提起她时，有时也会带着善意打趣她那几颗颇为突出，又透着几分可爱的龅牙。当然，这点小小的缺陷并不会影响她的魅力，反而还成为她独具特色的地方。

其实，在成名之前，凯丝·达莉一直因为这几颗龅牙而感到十分自卑。她从小就喜欢唱歌，也十分具有天赋，但因为长着几颗难看的龅牙，每次在别人面前唱歌的时候，她都特别放不开，总会下意识地控制着上嘴唇，努力盖住突出的牙齿。但很显然，这样的努力并不成功，过分僵硬夸张的表情不但只会让龅牙更加突出，而且还直接影响到演唱的效果。

一次，凯丝·达莉在新泽西一家夜总会演唱。当时，台下的观众里有一名音乐家，这名音乐家十分敏锐地从凯丝·达莉略带滑稽的演唱中感知到了她的天分，同时也敏锐地注意到限制她发挥的问题所在。

表演结束后，这名音乐家找到了凯丝·达莉，对她说道："我知道你一直想要掩藏什么，也明白你将它视为自己的缺陷。但如果你总是在意它，那么反而会限制自己的发挥，耽误自己的天赋。你要明白，观众们喜欢的是你的歌声，至于其他，谁会在乎呢？"

看到自己想要隐藏的缺陷就这样被直接揭露出来，凯丝·达莉一开始感到有些难堪。但随即，她的心里也涌上一丝冲动，她想知道，如果她真的能做到不再去在乎这几颗龅牙，而是全心投入演唱，将自己的歌喉展示出来，那会是怎样的结果呢？

最终，她成功了，就如那名音乐家所说的，当她热情而美妙的歌声响彻在舞台上的时候，观众们谁会再去在乎那几颗微不足道的龅牙呢？当她成为一流的歌星，拥有无数的歌迷以后，这几颗龅牙甚至成为她独具特色的标志，被人们津津乐道。

懂事男孩的成长笔记

当你为自己身上的某些缺点感到自卑时，别人可能根本不在乎，甚至根本没有注意到。很多时候，那些导致我们产生自卑情绪的缺陷，其实真的并没有那么引人注目，反而是在自卑情绪滋生之后，我们的怯懦与躲闪大大提升了这些缺陷的存在感。

就像凯丝·达莉，在她试图遮遮掩掩地挡住自己的龅牙之前，人们或许根本就没有把她的龅牙放在心上。就如音乐家所说的，观众们想听的是她的歌声，喜欢的也是她的歌声，谁在乎她到底有没有龅牙呢？

所以，不管你认为自己有什么缺陷，都勇敢地把头抬起来，也许别人根本没有那么关注你，也并不认为你就应该是完美无瑕的。

以前的我	现在的我

因为不相信自己能够做到,所以面对不熟悉的事情,我都会选择逃避,就此断绝了一切成功的可能。	克服自卑之后,我发现,自己其实比想象中更优秀。相信自己,勇于尝试,才有机会抵达成功的彼岸。

✌ 我是有出息的男子汉!

当我因为发现自己身上的某些缺陷而感到自卑时,我发现我的朋友居然对此一无所觉。而即使在他发现之后,也仅仅是说出几句善意的调侃,之后,我们的友谊依旧,生活也并没有什么大变化。于是,我终于明白,那些在我眼中特别严重的缺点,对于别人来说,真的没什么大不了。

我是有出息的男子汉!所以,从今天起,我会用理智的态度来面对自身的缺点,不再被自卑情绪所困扰。

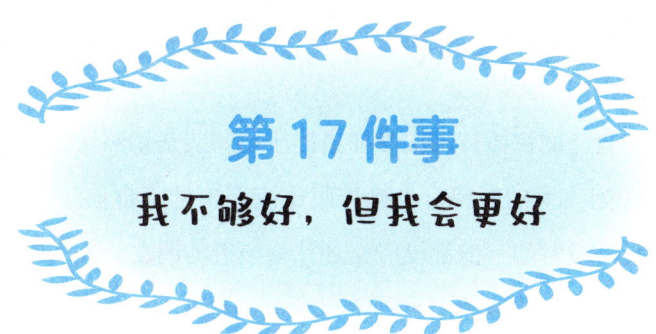

第17件事
我不够好,但我会更好

自觉心是进步之母,自贱心是堕落之源,故自觉心不可无,自贱心不可有。

——邹韬奋(中国新闻记者、政论家、出版家)

当你发现自己确实"不够好"的时候,你会怎么做呢?是沉浸在自卑情绪中,破罐子破摔,还是努力让自己变得更好,为自己增加资本和底气呢?

有一个年轻人,虽然出生在内蒙古自治区一个偏僻的小镇,但靠着自己的努力,考上了位于北京的中国传媒大学的新闻系。

这原本是一件非常值得骄傲的事情,但面对大城市的繁华,偏远小镇出身的他不可避免地陷入了自卑。相比其他大城市出身的同学,他感觉自己就像是没见过什么世面的"乡巴佬"。也因为这样的情绪,他对自己的出身始终心怀芥蒂。

开学的第一天,邻桌的一名女同学笑着和他打招呼,并问他:"你是从哪里来的?"

这不过是一个平平常常的问题,许多陌生的同学相互搭话、交谈时,也都会这样询问一句。但就是这样一个普通平常的问题,却戳中了他的

自尊心，让他羞于启齿。为了掩饰内心的紧张和慌乱，他特意摆出一张冷脸，完全没有理睬女同学的搭话，并且在之后整整一个学期，都没有敢和这个女同学再说一句话。

为了隐藏自己的怯懦，每次参加集体活动，或是拍照留念，这个年轻人都会戴上一副大大的墨镜，来遮掩眼中流露出的不自信。也正因为如此，开学很长一段时间，他都没能交到什么亲近的朋友，大家也都以为他是个性格冷漠、不好接触的人。

一段时间后，这个年轻人意识到自己不能再继续这样下去，他学习的是新闻专业，这是一个需要和许多人打交道的学科，如果真正想要从事这一行业，自己就必须要学会如何与人交流。于是，他决定要改变自己，而改变的第一步，就是克服自卑。

对年轻人来说，他的自卑主要源于出身，因为来自贫穷偏僻的地方，他总担心别人觉得他没见过世面，什么都不懂，见到什么都大惊小怪。也正因为这样，所以他才总是习惯用墨镜遮掩自己的表情，装作对一切都漠不关心的样子。

想明白了这些，年轻人开始更努力地学习，增长自己的见识，充实自己的知识，并尝试着勇敢地面对自己，改变自己，展示自己。每当他感到自卑和怯懦时，都会一遍遍告诉自己："没关系，现在的我或许还不够好，但我一定会让自己变得更好。"

后来，他成为中央电视台一名著名的主持人，他的名字家喻户晓，他叫白岩松。

懂事男孩的成长笔记

年少时的我们总有一些别扭的自尊心，还不能坦然接受自己的"不完美"。但没关系，重要的是，我们会如何处理这种"不完美"，是选择自暴自弃还是遮遮掩掩？是决定坦然接受还是努力改变？不同的选择会决定我们的未来会拥有怎样的人生。

就像白岩松，如果他因为别扭的自尊心而选择自暴自弃，或是一直戴着冷漠的面具不摘下，那么可想而知，他的未来大概就不会是今天的样子了。

这个世界上本就不存在完美，哪怕再优秀的人，也会存在自身的劣势。所以，今天的我不够好，那不要紧，我可以让未来的我变得更好。

以前的我　　　　　　　　　　现在的我

演讲？不，我讲不好，所以还是不去了。竞赛？不，我赢不了，所以还是不参加了……　　面对自己不擅长的事情，我会努力去学习、去尝试，虽然现在的我不够好，但我相信，通过自己的努力，我会变得越来越好！

我是有出息的男子汉！

很多人想必都曾有过因自身不够优秀而自惭形秽的时刻，我也曾有过这样的体会。但如果因为觉得自惭形秽就怯懦退缩，那么就只能一直这样自惭形秽下去了。成长本就是一个不断变化、不断提升的过程，今天的我如果不够优秀，那么就努力让明天的我变得更优秀。

我是有出息的男子汉！所以，我不会再因为自己的缺点而感到难过，也不会再因为自己的不足而感到自卑，因为我知道，我可以让自己变得更好。

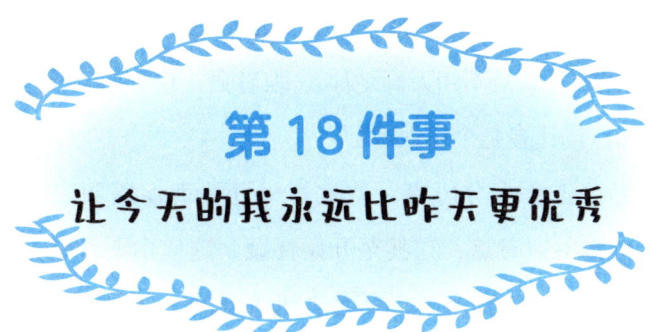

第18件事
让今天的我永远比昨天更优秀

涓滴之水终可以磨损大石，不是由于它力量强大，而是由于昼夜不舍的滴坠。

——路德维希·凡·贝多芬（德国作曲家、钢琴家）

古埃及有句谚语：世界上只有两种动物能够到达金字塔的顶端，一种是雄鹰，另一种是蜗牛。

雄鹰能够到达金字塔顶端，靠的是强有力的翅膀，那么，蜗牛靠的又是什么呢？

遥远的森林王国里正在进行一场比赛，所有的动物都能参加。国王说了，谁能爬上森林里最高的山峰，谁就能成为优胜者，得到最好的奖励。

雄鹰被邀请来做比赛的裁判，因为它是唯一一个抵达过山巅的森林居民，它有巨大的利爪，强劲的双翼，能够冲破云霄，直击苍穹。

比赛已经开始了，雄鹰盘桓在空中，观察着所有参赛的森林居民。野兔后肢有力，猛地一蹬便跃出好远；麻雀小巧灵活，拍打翅膀蜿蜒穿行；老虎矫健凶猛，光震天的吼声就能把大家吓得瑟瑟发抖……

在一个个各有优势的参赛者中，雄鹰注意到一个与其他森林居民都格格不入的小家伙——一只背着小房子，慢悠悠向前爬的小蜗牛。看着早已被其他参赛者远远甩在后头的小蜗牛，雄鹰无奈地摇了摇头，叹息着："现在的小年轻呀，真是不知天高地厚。瞧着吧，这个小家伙很快就会知道自己来参加这场比赛是个错误啦！"

凶猛的老虎选手十分厉害，从比赛一开始就遥遥领先，但它跑啊跑，却怎么也跑不到终点，它甚至开始怀疑，这座山或许是太高了，已经高到了天上，无论它跑多久，都无法到达山顶。于是，渐渐地，老虎的速度慢了下来，它不停地抬头往上看，却被白色的云雾挡住了视线。最终，老虎放弃了，它觉得自己真傻，为什么要去奔赴一个看不到的终点呢？

麻雀选手虽然弱小，但它和雄鹰一样，也有一双翅膀，飞起来可比其他选手快多了。但在无数次拍打翅膀之后，麻雀选手也感到越来越疲惫，面对前方看不见的终点，它开始陷入了自我怀疑：我真的能到达山顶吗？我的翅膀比雄鹰小那么多，我怎么可能做得到呢？

最后，麻雀选手也放弃了，它想，与其这么辛苦地去做一件自己做不到的事，还不如赶紧回去把窝搭得更暖和一点呢！毕竟，冬天已经快来了。

见最有潜力的老虎选手和麻雀选手都放弃了比赛，野兔选手也动摇了，想来想去，觉得自己这样瞎跑，还不如尽早止损，回家吃新鲜的嫩草呢！

就这样，森林居民们因为各种各样的原因，纷纷放弃了比赛。雄鹰裁判感到很失望，看来这次比赛还是和从前一样，不会有优胜者啦！就在雄鹰裁判准备宣布比赛结束的时候，却突然发现，它一开始就不看好的那只小蜗牛还在继续慢悠悠地往前爬呢！但它实在太慢了，连山腰都还没爬到。

毕竟还有选手在参赛,雄鹰裁判便没有宣布比赛结束,但它也不相信这只慢悠悠的小蜗牛能爬到山顶。

时间就这样日复一日地过去了,人们都已经遗忘了这场比赛,就连雄鹰裁判自己也不记得了。

这一天,雄鹰在天空中翱翔,路过最高的山峰时,突然想起那场一直没有宣布结束的比赛。雄鹰拍打着翅膀飞向山顶,令它意外的是,它竟然看到一只小小的蜗牛在向着山顶进发,进发,它还是和从前一样,背着大大的房子,慢悠悠却步伐坚定。

看到雄鹰裁判,爬到山顶的小蜗牛非常高兴,兴高采烈地摆动着触角,大声问道:"我赢了吗?"

雄鹰非常惊讶,半晌才点头:"是的,孩子,你赢了。你可以告诉我,是什么支撑着你一直坚持爬到山顶的吗?你甚至都看不见它究竟在哪里!"

小蜗牛脸颊红彤彤的,笑着回答道:"我只是想着,只要今天我能比昨天多爬一段路,每天都这么坚持下去,那么总有一天会到达山顶的。"

如果前方的目标过于遥远,那么在前进的过程中,我们就可能因为意志的不坚定而产生动摇,因看不到希望而迷失方向,从而在中途就选择主动放弃。就像那些参加比赛的森林居民们一样,它们的失败并不在于自身能力的欠缺,而是在于自己的主动放弃。

小蜗牛可以说是所有参赛者中最弱小的一个,但它却偏偏成为最后的胜利者。这是因为,它的眼睛并没有一直盯着那个过分遥远的目标,而是告诉自己,只要今天能比昨天多爬一段路,然后再坚持下去就好了。

瞧，成功其实并没有我们想象的那么难，只要把一件容易的事坚持不懈地做下去，只要让今天的我比昨天更优秀一点点，总有一天，我们会创造属于自己的奇迹。

以前的我

山那么高，什么时候才能爬到山顶呢？还是不爬了吧！学习的路那么长，什么时候才能走到尽头呢？还是不走了吧！

现在的我

只要坚持努力，哪怕只有一点点，今天的我就能比昨天更优秀！

我是有出息的男子汉！

当我希望自己成为一个伟大的人时，我对自己的未来其实是非常迷茫的，因为这个目标实在太庞大，也太遥远了，我不知道该如何让自己成为一个伟大的人，如何做一件伟大的事。

但当我不再着眼于这个伟大的目标,而是想着要让今天的我比昨天优秀一点点,比如多背诵几篇课文,多记几个单词,多读几页书,多写几个字……瞧,这些事情是多么简单,但这些简单的事只要一直坚持下去,那么必然会带给我意想不到的收获。

我是有出息的男子汉!我有对未来的憧憬,有伟大的梦想与抱负,虽然这些看起来似乎距离我还有些遥远,但没关系,我只要确保自己每天进步一点点就行了,总有一天,这些一点一滴的进步累积到一起,那就是翻天覆地的变化。

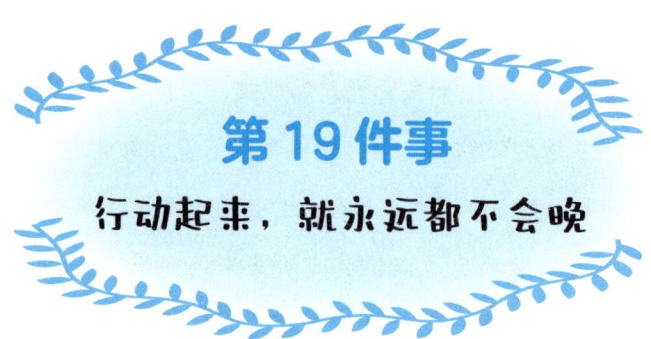

第19件事
行动起来，就永远都不会晚

在生活中，没有任何东西比人的行动更重要、更珍奇了。

——马克西姆·高尔基（苏联作家）

很多事情都讲究时机，一旦错过最好的时机，收获就大打折扣。那么，如果我们已经错过了最好的时机，是不是就应该放任自流，什么都不再去做呢？

有一个年轻人，他非常聪明，脑子里总有许多奇思妙想。但他也有个毛病，那就是做事容易瞻前顾后，犹犹豫豫，所以常常是想得很多，却很少真正去做。

股市刚刚兴盛起来的时候，他就已经注意到了这个新兴的投资方式，但又对其中的风险感到担忧不已，于是犹豫着犹豫着，等进股市投资的人都赚了大钱，他才无奈地叹息：已经错过了最佳时机，只能放弃啦！

他生活的小镇比较闭塞，赶不上大城市的繁华。一次，他和朋友去旅游，注意到许多大城市里都有连锁的西式快餐店，什么汉堡、薯条、炸鸡，特别受年轻人欢迎。于是他想，如果在家乡的小镇上也开一间这样的店，是不是也会成功呢？但同时，他又担忧，万一家乡的人吃不惯汉堡、薯条怎么办。于是，担忧着担忧着，小镇上便悄然出现了第一间汉堡连锁店。年轻人只得无奈叹息：又晚了一步，算了算了，现在再去做，也占不到先机啦！

就这样，年轻人一次次与机遇失之交臂，人到中年了还是一事无成。

一次，在参加同学聚会时，年轻人遇到了曾经的好兄弟，不由得大倒苦水。对方听了年轻人的话后，却非常疑惑地问他："既然错过了第一波进入股市的机会，那么为什么不抓紧时间成为第二波进去的人呢？既然没能成功开设第一家西式快餐店，那么为什么不开第二家呢？哪怕因为犹豫而错过了最佳时机，抢不到最大的那块蛋糕，但只要抓紧时间行动起来，至少还能抢到第二块、第三块……亡羊补牢，为时未晚，明明还有很多可以行动起来的机会，为什么要眼睁睁看着羊全部丢失，才开始懊悔呢？"

懂事男孩的成长笔记

亡羊补牢，犹未迟也。当最好的机会与我们擦肩而过之后，与其坐在原地扼腕叹息，还不如赶紧行动起来，瞧瞧能不能抓住点机会的尾巴。

很多时候，最佳的时机或许只有一个瞬间，但这并不意味着，错过了最佳的时机，就再也没有行动的机会。就像故事中的年轻人，如果他在自己因为犹豫而错失了最好的机会后，能够立即行动起来，那么即便错过了最大的蛋糕，也还有机会得到第二块、第三块。

但可惜的是，每一次错过之后，他除了懊恼之外，始终没有任何实际的行动，那么自然也就只能眼睁睁地看着别人去成功了。就像那个丢失了羊的牧羊人，如果他能在第一次丢失羊后就立刻行动起来，加固自己的围栏，那么至少还能保住剩下的羊。可如果一直不行动，只坐在一边唉声叹气，那么最终的结局自然就是一场空了。

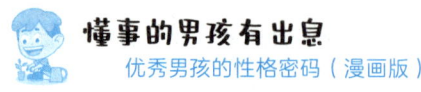

| 以前的我 | 现在的我 |

事情好多——明天再做吧!
明天也来不及做了——要不就算了吧!

无论做任何事情,只要行动起来,就永远不会晚,这是我学到的最宝贵的东西。

✌ 我是有出息的男子汉!

　　任何绝妙的想法,如果没有行动,就永远只能是一种空想。不管什么时候,只要行动起来,就永远都不会晚,即使不能抓住最好的时机,但至少也能创造出实实在在的东西,而不是让自己一直停留在空想阶段。

　　我是有出息的男子汉!我不是空想家,我要做行动者,因为唯有行动起来,那些想法才能成为真正有价值的主意。

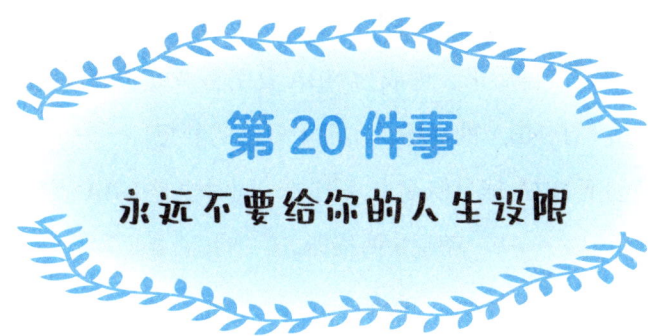

第20件事
永远不要给你的人生设限

若无某种大胆放肆的猜想，一般是不可能有知识的进展的。

——阿尔伯特·爱因斯坦（美国物理学家）

我们总会习惯性地在很多事情之前加上一个"定语"，并将其奉为行事准则。比如"长相漂亮"才能去参加选美；"个子高"才能去打篮球；"头脑聪明"才能在竞赛中赢得名次……那么，如果不符合这些"定语"，我们是不是在事情还没开始之前，就要率先选择放弃呢？

有一个小男孩，他从很小的时候就十分热爱篮球，并且希望能够成为一名职业篮球运动员，有朝一日站到 NBA 的赛场上。

但大家都知道，在篮球场上，身高优势是非常重要的，而这个小男孩却十分矮小，即使长大成人之后，他的身高也只到一米六。

在众人眼中，这样的身高与这样的梦想是如此的不匹配，一个身高只有一米六的"小矮子"，凭什么站上运动员平均身高至少在一米八五以上的 NBA 篮球赛场？

但这个小男孩并没有因为自己先天条件的限制而"理智"地放弃这个梦想，他付出了更多的努力与汗水，坚定不移地朝着自己的目标努力。

后来,他成为镇上非常厉害的篮球运动员,参加了无数场比赛。不久之后,他凭借优异的成绩,成为全州最优秀的篮球运动员之一,被人们赞誉为最佳控球后卫。再后来,他成为NBA夏洛特黄蜂队的球员之一,以一米六的身高站上了NBA的赛场,实现了自己的梦想。

他就是创下NBA球员身高最矮记录,同时也是NBA表现最为出色,失误最少的后卫之一——蒂尼·博格斯。

生命本身就是一种奇迹,但很多时候,我们都低估了自己的能量,贸然为自己套上心灵的枷锁。比如我们总会习惯性地给自己下一些定义,如"我太矮,所以不适合打篮球""我太笨,所以没办法从事科学研究",或者"我太丑,就不要再做明星梦了"等。

不可否认,对于某些行业而言,确实需要具备某些"硬件条件"作为敲门砖才能进入其中,但也不是绝对的。很多时候,如果还没有尝试,就已经给自己的人生设了限制,那么自然也就失去了创造奇迹的可能。

就像蒂尼·博格斯,如果他因为自己的身高而放弃追求,认为自己"不适合"而改写梦想,那么NBA恐怕就要失去一名优秀的后卫了。而他也永远不会知道,自己其实能够获得怎样的成就。

Part 3 怀一颗上进的心，走一段辉煌的路

以前的我　　　　　　**现在的我**

我知道自己不擅长读书，所以从没奢望过考第一名；我也知道自己不擅长运动，所以没想过在运动会上取得名次。

哪怕是面对自己不擅长的事情，我也不会再预设失败。不管怎么样，总要尝试过、努力过，才能知道结果是什么——万一成功了呢！

✌ 我是有出息的男子汉！

想要在某些方面做出成绩，天赋确实是必不可少的东西，但很多时候，如果不去试一试，你又怎么能知道自己是否有天赋呢？当一条路行不通的时候，我会做出适当的调整，但同样的，我也不会为自己的人生设限，毕竟总要试一试才能知道，梦想距离我究竟有多遥远。

我是有出息的男子汉！我愿意相信自己，相信梦想，相信奇迹，更重要的是，我也愿意为之而付出努力与汗水。

Part 4
勤奋是迈向成功的通行证

> 形成天才的决定因素应该是勤奋。
> ——郭沫若（中国作家、历史学家、考古学家）

以前的我	现在的我

晚上九点还没预习课本，也不能玩游戏，还是睡觉吧。第二天的课堂上，老师提问的问题我都不知道，心情沮丧。	昨天我已经提前预习了今天的功课，老师课堂上讲的内容我都听懂了，昨天没看懂的内容老师也给我解答了疑惑，真是美好的一天。

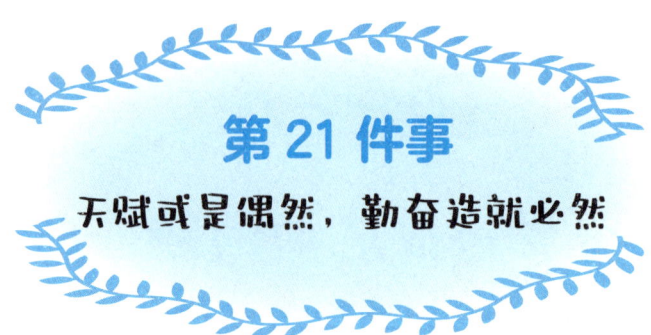

第21件事
天赋或是偶然，勤奋造就必然

聪明出于勤奋，天才在于积累。

——华罗庚（中国数学家）

大师收了两个徒弟，一个非常聪明，不管学什么都很快；另一个却有些木讷，不管学什么都很慢。

大师给两个徒弟讲课，聪明的徒弟一听就明白，不到十分钟就能把一篇文章倒背如流；而木讷的徒弟总是要翻来覆去地阅读和抄写，才能把一篇文章记下来。

平时大师非常忙碌，每周只能抽出两天时间给徒弟讲课，其他时间就是让徒弟自己安排时间，学习自己感兴趣的东西。

聪明的徒弟因为学东西快，每次都能早早完成大师布置的作业，其余时间便四处惹猫逗狗，玩乐享受，日子过得轻松又惬意。

而木讷的徒弟因为学东西慢，所以总想着多看点书，多学习点知识，生怕追不上大师讲课的进度，恨不得把一分钟掰成两分钟去用，根本没有时间再去干其他事情。

十年后，聪明的徒弟逐渐泯然于众人，正应了那句"小时了了，大未必佳"；而木讷的徒弟则在日复一日的积累中成为知识渊博的大师，虽然他依旧不善言辞，为人也不够机敏，但他脑海中储存的知识和见闻却远远胜过旁人。

天赋带来的机遇从来都只是偶然，但勤奋付出的努力必然会让你有所收获。

懂事男孩的成长笔记

天赋是上天的馈赠，是我们自己无法决定和掌控的，是完全随机的事件。但勤奋却是完全由我们自己决定和控制的，我们可以自由做出选择。

拥有上天馈赠的天赋，无疑能让人在成功的路上轻松许多，但在轻松之余，究竟是否能走到成功的终点，还需要看是否具备一些机遇。但如果你足够勤奋，那么无论是否能够拥有上天馈赠的天赋，在努力付出的过程中，你必然会有所收获。

就像大师的两位徒弟，聪明的因为没有好好利用自己的天赋，最后泯然于众人；愚笨的却在日复一日的坚持中，累积下渊博的知识和不凡的见识。

以前的我　　　　　　　现在的我

这些事情我做不好，一定是因为我没有天赋，既然没有天赋，当然没办法和别人比啦！

无论做任何事情，只要努力过，就一定会有所收获。但如果一点都不尝试一下，那么即使拥有天赋，也是不能成功的。

我是有出息的男子汉！

无论是否有聪明的头脑，勤奋都是必不可少的。我不希望自己的一生碌碌无为，也不愿意在许多年后回忆往事时内心充满遗憾。所以，只要我觉得应该做的事情，我都会拼尽全力地去努力，去争取，抓紧时间，用勤奋造就成功的必然。

我是有出息的男子汉！我不会把自己的失败归结于天赋的欠缺，而是会从自己身上寻找原因，争取下次能够做得更好。

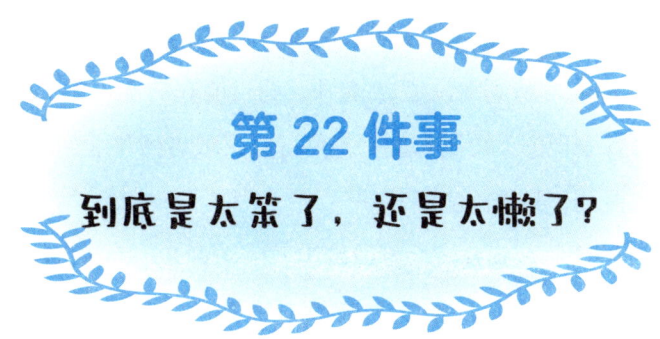

第22件事
到底是太笨了，还是太懒了？

业精于勤，荒于嬉；行成于思，毁于随。

——韩愈（唐代文学家、"唐宋八大家"之首）

一件事总也做不好，究竟是因为笨，还是因为懒？提到这个问题，一位老师讲述了他从业生涯中的一件事。

这位老师所带的班级里有一个学生小A，小A是个比较调皮捣蛋的男生，上课特别容易开小差，学习态度也不是很端正，老师找他谈过几次话，每次他都是认错很快，但总是屡教不改。

有一次在课堂上，老师抽查学生背诵几个反复强调过的知识点，抽查到小A的时候，他怎么都背不出来。老师不想耽搁时间，就让小A先坐下，等课后背诵明白了再去办公室找自己。结果，一直到放学，老师都没有等到小A过来。

第二天课间，老师去教室找小A，发现他正在走廊上和同学打闹，于是便把他叫到了办公室，让他背诵昨天的知识点。小A支支吾吾半天，才说道："我不会背。"

老师严肃地批评他说："这个知识点我强调过多少遍了？也给了你这么久时间准备，你怎么还是不会背？你说你到底是笨呢，还是懒呢？"

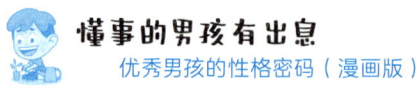

结果没想到，小 A 皱眉想了想，居然回答说："是因为笨。"

这个回答可是把老师气得够呛，老师本以为小 A 是故意顶撞他，但没想到，小 A 却非常认真地说道："老师，我可能真的变笨了。其实有时候，我也想好好表现的，可是每次一想好好背书或者做作业，就觉得很痛苦，脑子一片混乱，只想打瞌睡……"

听到小 A 的话，老师脑海中顿时蹦出了一个词儿——积懒成笨。

事实上，像小 A 这样的情况老师并不是第一次遇到，有一些学生，主观意愿上也是想努力学习、好好表现的，但又总是熬不过学习的艰辛，一觉得辛苦就开始犯懒。久而久之，他们的潜意识已经放弃了积极动脑、努力学习，进入一种麻木的状态，一遇到有困难的事情，大脑就直接"休眠"，整个人都"变笨"了。

在人类所有的劣根性中，懒是比笨更恶劣、也更可怕的事情。愚笨的人，只要足够勤奋和努力，总能让自己熟能生巧，拥有一技之长；而懒惰的人，哪怕有着绝顶聪明的头脑，也会将光阴大把地浪费掉。

更重要的是，哪怕你原本并不愚笨，但当懒惰成为一种惯性之后，你的头脑也会因为越来越懒而变得越来越笨。就像小 A 那样，当他因为懒惰而一次次在学习的困难面前退缩后，他的大脑也就逐渐形成了一种条件反射，一旦遇到学习上的事，就立刻进入罢工状态，天长日久，可不就"积懒成笨"了吗？！

以前的我	现在的我

事情一直做不好，一定是因为我太笨了，这是天生的，我也没办法，所以就算了吧！	对于不擅长的事情，我会付出更多的努力和汗水，因为我相信，我与成功之间相隔的不是"愚笨"，而是"懒惰"。

✌ 我是有出息的男子汉！

学习的道路是漫长而艰苦的，在这条路上，行走着许许多多的人。有的人非常聪明，就像拥有代步工具一般，或开车、或骑车，行进速度非常快；有的人则比较笨，只能靠自己的双腿，一步一步向前走。但无论是聪明的还是笨的，只要能始终坚持向前，那么就一定能在这条路上越走越远，只是速度有所不同罢了。

但还有一些人，因为无法忍受道路的崎岖与颠簸，总是磨磨蹭蹭，徘徊不前。这样的人是懒惰的人，无论有没有"代步工具"，只要他们无法克服自身的惰性，就永远无法在这条路上有所寸进。

　　我是有出息的男子汉！无论能不能拥有"代步工具"，我都能够在崎岖的道路上走下去，我也必须要坚持走下去，因为我知道，只有沿着这条路一直走，才能抵达我梦想的目的地。

Part 4 勤奋是迈向成功的通行证

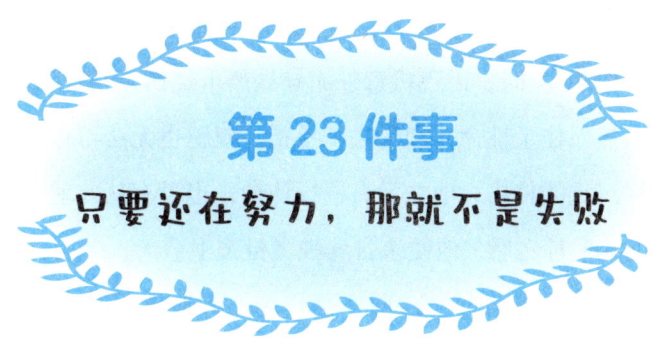

第23件事
只要还在努力，那就不是失败

成大事不在于力量的大小，而在于能坚持多久。
——塞缪尔·约翰逊（英国作家、文学评论家）

人生最奇妙之处就在于，不到最后一刻，你永远不知道结果会是什么。就像做一件事，不管跌倒多少次，只要你还在努力，不曾放弃，都不是失败。

2009年12月22日，NBA赛场上上演了一场十分精彩的"逆袭秀"，国王队送了一份"大礼"给公牛队。当时，公牛队在比赛中一直占尽优势，处于领先地位，在第三节比赛还剩下8分50秒的时候，两个队伍的比分是79：44，足足相差了35分。

这样的差距仿佛已经昭示了结局，可谁也没想到的是，在第四节比赛开始之后，赛场的局势却发生了翻天覆地的变化，国王队的泰瑞克·埃文斯好像突然变身超人一般，仅自己一个人的得分就超过了公牛队全队的得分。最后，国王队不仅追平了35分的巨大差距，还取得了比赛的最终胜利。

这并不是一个特例，事实上，这样的奇迹经常发生，不到最后一秒，你永远不知道谁才会是最后的赢家。当然，如果你已经主动放弃，那么

这样的奇迹必然是与你没有任何缘分的。

人生也是如此。有一个男人,他在一生中遭遇过两次惨痛的意外,第一次发生在他46岁时,因飞机意外而导致严重烧伤,经历16次艰难的手术后,他虽然保住了性命,却失去了手指,双腿也无法再行动。

面对这样沉重的打击,他并没有选择认命,也没有从此就变得"安分守己"。仅仅6个月之后,他便亲自驾驶飞机飞上蓝天。

第二次意外发生在4年后,同样是一场飞行事故,这一次,他的12块脊椎骨全部被压得粉碎,腰部以下全部瘫痪。

面对这样沉重的打击,绝大多数人或许都会觉得:"我的人生完了!"但很显然,他并不是"绝大多数人"。面对众人的安慰与同情,他却说道:"瘫痪之前我或许可以做一万种事情,而现在,我只能做9000种了。但没关系,至少我还有9000种事可以选择呢!"

他叫米契尔,是一位百万富翁,著名的企业家、公众演说家,还在政坛上有一席之地。无论是《时代周刊》《纽约时报》,还是《前进杂志》,都曾报道过他的故事。或许他曾狠狠跌倒过,但他却从未放弃过努力,因此,他的人生中从没有"失败"二字。

无论在哪一个行业或哪一场比赛中,都可能会出现逆风翻盘的情况,而只要不到最后一刻,谁也不敢打包票究竟谁胜谁负。但很多时候,在胜负分明之前,有的人却已经提前放弃了赢的希望,自己选择了失败。

人生的路很长,比一场比赛要长得多,而在这条漫漫的人生路上,我们可能会跌倒无数次,但只要每次跌倒后还能再爬起来,继续努力,那么就不是失败。真正的失败者往往不是被命运击败的,而是被自己击败的。

| 以前的我 | 现在的我 |

我的棋都快被吃完了,这场比赛肯定赢不了,干脆认输吧!

不管倒下多少次,只要还能站得起来,我就没有输!

✌ 我是有出息的男子汉!

人生的路非常漫长,在这漫长的一生中,我会经历很多事情,也会经历很多次的失败以及很多次的成功。这些失败与成功都只是我生命中一个阶段的经历,而我人生的成功与否,都不是任何一个阶段的胜利或失败就能定性的,因为这些失败与成功,都只是一个阶段的完结,而我的人生,还将开始无数个阶段,直至生命的尽头。

我是有出息的男子汉!不会因一时的胜利而骄傲,也不会因一时的失败而气馁,我明白,人生真正的成功,是无论何时,都能一直努力,始终坚持不放弃。

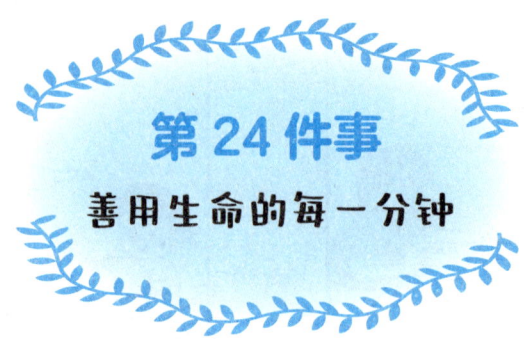

第24件事
善用生命的每一分钟

只要我们能善用时间,就永远不用愁时间不够用。

——约翰·沃尔夫冈·冯·歌德(德国思想家、剧作家、诗人)

时间的价值是不一样的,当你善用它时,它便是"寸金寸光阴";而当你挥霍它时,它便一文不值。

"发明大王"爱迪生就是一个非常善于使用时间的人,在他的一生中,他有两千多项发明,而单单发明电灯,他就失败了一千六百多次。从这庞大的数据中就能看出,他确实把生命中的每一分钟都运用到了极致。

"最大的浪费莫过于浪费时间。"这是爱迪生常常挂在嘴上的话,他总是告诫助手们:"人生实在太短暂了,我们必须多想办法,用最少的时间去做最多的事情。"

有一次,爱迪生在新泽西的实验室里工作,在实验进行到某个环节时,他需要知道一个空玻璃灯泡的容量数据,这并不是一项多艰难的工作,于是爱迪生便随手把灯泡递给助手,说道:"我需要知道它的容量。"然后便继续低下头做手头上的事情。

过了一会儿,爱迪生问道:"容量是多少?"并没有人回答,爱迪生奇怪地抬起头，却见助手正一边拿着软尺测量灯泡的周长、斜度等数据，一边在纸上写写画画。

看到这样的场景，爱迪生眉头紧皱，急促地说道："嘿，时间，时间，快看看，你都浪费多少时间了！"

一边说着，爱迪生一边拿过灯泡，往里面注满了水，然后又把灯泡交还给助手，说道："把水倒在量杯里，然后把数据告诉我！"

助手连忙遵照爱迪生的指示读出数据，爱迪生这才长呼一口气说道："明明有这么方便又准确的测量方法，为什么你就想不到呢？要学会用最少的时间、最有效的方法去做事情，这样才不会让时间白白浪费掉啊！人生这样短暂，怎么还能不珍惜时间呢！"

那些能够在历史上留下姓名的伟人，之所以能做到寻常人所无法做到的事，达成寻常人所无法达成的成就，除了具有聪明的头脑之外，更重要的是，他们对时间的珍惜。

爱迪生是当之无愧的天才，他聪明的头脑和不断迸发的灵感，都是上天对他的馈赠。但他所取得的成就，则完全是靠自己争分夺秒的努力。如果他没有这份努力、这份对时间的珍惜，那么在有限的生命中，他也不可能创造出这样惊人的成就。

像爱迪生这样的天才尚且如此努力，我们有什么资格不去努力呢？赶紧行动起来，善用生命的每一分钟，别让青春白白浪费了！

以前的我	现在的我

只迟到了两分钟而已,还好还好,不是什么大不了的事情。	时间太少了,我得争分夺秒,不能浪费宝贵的青春与生命!

✌ 我是有出息的男子汉!

一分钟的时间能干什么?大概能念一首诗,或者背几个单词,这样看上去,似乎浪费一分钟也没什么了不起。但如果每天都有许多个一分钟被浪费掉呢?那么我将少念了多少首诗,少背了多少个单词?当我认真算这笔账的时候,结果让我无比震惊,曾经的我,到底浪费了多少宝贵的时间与生命啊!

我是有出息的男子汉!过去已经浪费的时间再也无法追回,但我还可以珍惜当下以及未来的每一分钟,让它们能够体现出应有的价值。

Part 4 勤奋是迈向成功的通行证

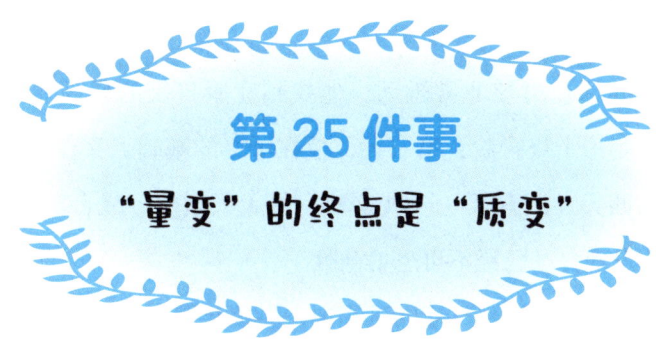

第25件事
"量变"的终点是"质变"

无论什么事，如果不断收集材料，积之十年，总可成一学者。

——鲁迅（中国文学家、思想家、革命家）

向前走一万步或许不是件轻松的事儿，但向前走一步却是人人都能轻易做到的。那么，每次只要让自己努力向前走一步，不断坚持下去，有一天你会发现，自己已经走过了连自己都不敢相信的距离。"量变"的终点是"质变"。

有一个男孩，他在8岁时不慎从一棵树上跌落，从此就患上了严重的恐高症。94岁的曾祖母知道这件事后，特地从一百公里外的葛拉斯堡罗徒步赶来探望他，还创下了一项近百岁老人徒步百里的吉尼斯纪录。

男孩得知这件事后，心中大受震撼，他觉得，就连94岁的曾祖母都有这样的魄力，身为男子汉的他又怎么能被小小的恐高症吓倒呢？可是，他该如何才能战胜恐高症呢？在他百思不得其解时，曾祖母又一次启发了他。

当时，有记者得知曾祖母"徒步百里"的事迹后前来采访她，当记者问起她究竟是如何创下这一记录时，曾祖母回答说："如果一口气要去跑一百多公里，那绝对是很需要勇气的。但如果只是走一步，那么就简单

多了。而你只需要走一步，然后再走一步，再走一步……一百公里其实也就走完了。"

曾祖母的话让男孩非常激动，他找到克服自己的恐高症的方法了。第一天，他爬了十级台阶；第二天，他在十级的基础上又往上爬了一级；第三天、第四天、第五天……就这样，每天只增加一级台阶，坚持半年之后，男孩发现自己已经不再恐惧高处了。

有趣的是，在克服恐高症的过程中，男孩开发出了攀爬这一项新的兴趣，并为此进行了系统的训练。

1983年，这名曾经患过恐高症的男孩成功创造吉尼斯世界纪录，徒手攀爬上了美国纽约的帝国大厦，这是美国纽约市的地标性建筑物之一，高达381米。这个男孩名叫伯森·汉姆，被人们亲切地称为"蜘蛛人"。

再远的路，都是一步一步走出来的；再高的楼，都是一点一点垒起来的；再不可思议的梦想，都是在一天一天的不懈坚持中实现的。无论多么微小的事情，只要能够持之以恒，坚持不懈，在经历漫长的岁月洗礼后，都会成为撼动人心的奇迹。

无论是"蜘蛛人"伯森·汉姆，还是他的曾祖母，都曾创造令人惊讶的吉尼斯世界纪录，但就如他们所说的，他们所缔造的"奇迹"，实际上都是一步一步走出来的，只不过他们比别人坚持得更久而已。

人生中很多事情都是如此，不是成功太难，而是太多人都无法坚持下去，所以能够最终成功抵达的，永远只是少数人。在人生道路上，"量变"的终点是"质变"，重要的是，我们究竟是否能够坚持到胜利。

以前的我	现在的我

成功距离我也太遥远了吧，恐怕走一辈子都走不到。算了算了，像我这样平凡的人，就应该老老实实地过日子……	虽然成功很遥远，但今天走五米，明天走十米，努力坚持下去，总有一天我会到达成功的目的地！

✌ 我是有出息的男子汉！

成功看上去是件非常困难的事情，所以很多人在仰望它时，就已经被吓倒了，甚至没有勇气去踏出第一步。但实际上，每一个取得成功的人，都是从零开始的，他们的成功也都是靠着自己的努力，一步一步拼搏出来的。

我是有出息的男子汉！我坚信，别人能够取得的成功，我同样也可以做到，只要能够勇敢地踏出第一步，并持之以恒地坚持下去，就能缔造令人惊叹的奇迹。

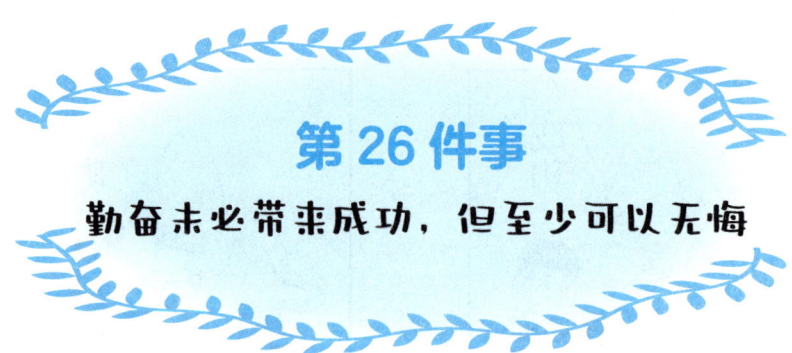

第 26 件事
勤奋未必带来成功,但至少可以无悔

停止奋斗,生命也就停止了。

——托马斯·卡莱尔(英国作家、历史学家)

并非所有的努力和付出都能得到理想的结果,但如果连尝试都没有,那么就只能留下遗憾了。

前方是一望无际的荒漠,没有路标,没有指示牌,据说在荒漠的某处,埋藏着宝藏,但谁也不知道它具体在什么位置。

有两个人来到这片荒漠,和许许多多的人一样,他们也是慕名而来寻找宝藏的。一个人扛着铁锹,找准一个方向便毫不犹豫地踏入荒漠,仔细探查着每一处可能埋藏宝藏的地方。而另一个人却坐到树荫里,迟迟没有下一步行动,他不知道这样毫无头绪的辛劳究竟值不值得,也没想好到底要不要为了虚无缥缈的宝藏而付出努力和汗水。

日复一日,第一个人在荒漠上跌倒又爬起,一次次失望过后又重新举起铁锹,风雨无阻地挥洒汗水。

而第二个人则一直坐在树荫里,既不舍得放弃获得宝藏的可能,又不舍得付出可能永远无法得到收获的辛劳。

终于有一天,荒漠上的宝藏被人发现了,可惜的是,发现宝藏的人既不是一直努力挖掘的第一个人,也不是始终坐在树下观望的第二个人。

离开荒漠的时候,第一个人心中有些难过,但也仅仅是有些许难过罢了,他知道,自己已经尽了最大的努力,只是缺少了那么一点儿运气。

而第二个人则既庆幸又痛苦,庆幸的是自己不曾付出辛劳,哪怕最终没有得到宝藏,也没有多少损失。痛苦的是,那处发现宝藏的地方,也曾是他犹豫过是否要去寻找的方向,他总是不禁在想,如果他当时去了,那么宝藏是不是就会成为自己的囊中之物了呢……

懂事男孩的成长笔记

勤奋的尽头未必一定是成功,但至少努力过、拼搏过,就不会让人生留下遗憾。就像故事中的两个人,勤奋的人在一次次的尝试与付出后,还是与宝藏失之交臂,这虽然同样让人感到难过和失望,但哪怕日后再回想起来,也不会有多少遗憾。

至于那个一直坐在树荫里的人,看似他并没有付出过什么努力,即使失败也没有什么损失。但也正因为如此,所以他永远不会知道,如果当初自己也去努力、去尝试,会不会成为最后的幸运者。

最令人难以释怀的遗憾,不是尝试过后的失败,而是还未来得及去尝试。

以前的我	现在的我

一看就知道战胜不了的对手，何必上去找虐呢？倒不如直接放弃，减少成本投入了！	哪怕希望再渺茫，我也要尝试去争取、去努力，也许……否则我的一生都会充满遗憾！

我是有出息的男子汉！

在面对失败时，我常常会忍不住去想，如果自己能够更加勤奋一些，付出更多的努力，那么是不是结果就会发生翻天覆地的变化？但失败已成定局时，想得再多也是徒劳，谁也不知道"如果"会有怎样的答案。

我是有出息的男子汉！我不要让自己的人生被一次次的遗憾与懊恼填满，所以，从现在开始，无论做任何事情，我都会拼尽全力，克服惰性，哪怕最终的结果不尽如人意，但至少可以无悔。

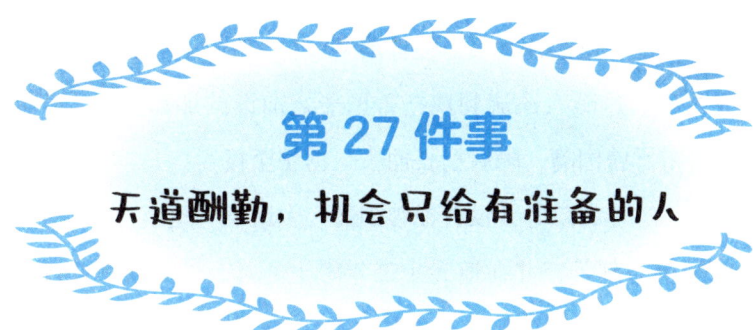

第27件事
天道酬勤，机会只给有准备的人

任何倏忽的灵感事实上都不能代替长期的功夫。

——奥古斯特·罗丹（法国雕塑家）

晚清名臣曾国藩是中国近代历史上具有较大影响力的人物之一，被誉为"半个圣人"。但很多人可能不知道，这位在历史上超凡卓绝的大人物，儿时并不是什么天赋过人的人，甚至可以说，在读书方面还有些笨。

有一次，曾国藩在家中读书，打算背诵一篇文章，但他记性实在不是很好，翻来覆去地读了许多遍，还是没能把这篇文章给背诵下来。但曾国藩有个优点，那就是勤劳、能吃苦，尤其是能吃学习的苦。因此，读一遍背不下来，那就读两遍，读两遍再背不下来，那就读三遍……反正只要有毅力，再差的记性，也总是能把文章背下来的。怀着这样的想法，曾国藩就这样一直重复不断地朗读这篇文章。

这时，家里来了一个贼人，悄悄潜伏在曾国藩窗外，想着等他读书读累了去睡觉，就偷偷进屋偷点东西。可没想到，这曾国藩实在是太笨了，一篇文章，翻来覆去地读啊读，却怎么都背不下来，背不下来吧他就一直读，怎么也不肯去睡觉。

熬了半宿，贼人实在忍不住了，愤怒地跳了出来，指着曾国藩大骂道:"你怎么那么笨!这都读多少遍了也不会背,我听着你读我都背下来了!就你这水平,还读什么书,纯粹浪费钱!"

骂完之后,这贼人还流利地把曾国藩之前读的那篇文章大声背了一遍,以此来羞辱曾国藩,随后扬长而去,嚣张至极。

当然了,这样的羞辱并没有在曾国藩心中留下一丝痕迹,他仍旧坚持着自己的勤奋与刻苦,并在道光十二年考上秀才,之后又考中举人、进士,正式进入政坛,开启自己光辉的一生。至于那个贼人,谁又知道他是哪位呢?

懂事男孩的成长笔记

嘲笑曾国藩的贼人或许确实很聪明,至少在背书方面比曾国藩要强得多。但他并没有善用这份聪明,没有勤奋刻苦的精神,反而走上歧路。而被贼人嘲笑的曾国藩,虽然在天赋方面或许并没有那么优异,但他勤奋刻苦的精神,却让他在机会来临时,有足够的能力去抓住它们,最终走出了属于自己的辉煌。

勤能补拙是良训,一分辛苦一分才。成功永远都只会降临在那些已经准备好了的人头上。如果你只会站在原地,不肯付出任何一点辛劳与汗水,那么再多的天赋、再聪明的头脑,也都只会在机会来临时,与它擦肩而过,甚至在日复一日的磋磨下变得不知所终。

请记住,天道酬勤,伟大的成功与勤奋的汗水永远都是成正比的,没有付出就不会有收获,没有坚持就无法创造奇迹,而机会往往只留给有准备的人。

以前的我

机会什么时候才来啊?如果没有机会,那做再多事情都是徒劳,所以还是等待机会来了再说吧!

现在的我

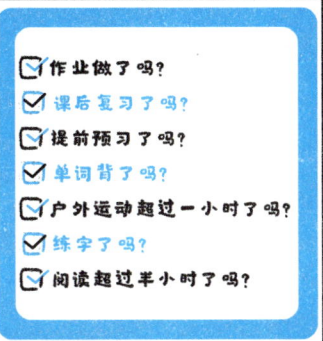

我要抓紧时间,做好各项准备,以免机会来临时,我却错过了它们。

✌ 我是有出息的男子汉!

我不知道机会何时会降临,但我知道,如果我不抓紧时间,努力学习,在机会来临之前做好准备,那么等机会真正降临的时候,我可能就会和它失之交臂。

我是有出息的男子汉!所以我不会随便抱怨命运的不公,而是会在机会降临之前,抓紧时间,努力让自己变得更优秀,更厉害,提升自己的竞争力,为抓牢机会做好准备。

Part 5
独立自强，是有出息的第一步

> 天行健，君子以自强不息；地势坤，君子以厚德载物。
> 　　　　　　　　　　　　　　　　　　——《周易》

以前的我　　　　　　　　　现在的我

我已经不是从前的我了，我都能自己洗澡了，不过洗内裤这件事还是给妈妈做吧。

自己的内裤自己洗，这样我才是独立的男子汉。

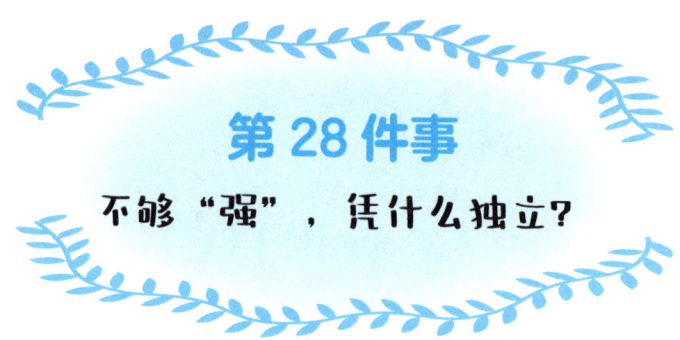

第28件事
不够"强",凭什么独立?

志不强者智不达。

——墨子(春秋战国之际思想家、墨家创始人)

我们总是大谈独立,却忘了先审视自己,有没有支持独立的资本。

小约翰今年九岁,他认为自己已经是个大孩子了,有权利决定要不要去上兴趣班。于是,他理直气壮地向父母宣布:"我已经是男子汉了,应该追求独立,以后我的事情我要自己做主,你们不应该再干涉我!"

听到小约翰的"独立宣言",父母面面相觑。爸爸说:"既然你要独立,不让我们干涉你的事情,那么是不是以后你的事情也应该自己做呢?"

小约翰点点头,一本正经地说道:"那是当然了!"

"哦,好的。"妈妈说道,"那么午饭你得自己做了,要做独立的孩子,总得学会独立解决你的午饭吧!"

小约翰一愣,面上出现一些纠结的神色,过了半响才不情不愿地点头答应:"行吧……我是独立的男子汉,可以自己解决午饭!"

到了下午,"独立"的小约翰决定,他不要去上兴趣班,而是要和朋友们去打篮球。高高兴兴打了一下午篮球,全身都弄得脏兮兮的,小约翰才依依不舍地回了家。

正准备像往常一样,把脏衣服丢进脏衣篓,妈妈就出现了,她惊讶地看着小约翰说道:"你可是独立的男子汉呀,衣服得自己洗,不能总指望别人!"

小约翰皱皱鼻子,想要反驳,却又不知道说什么,只好闷闷不乐地去洗衣服。

第二天,学校通知一周后要去春游,想参加的学生需要报名登记,并交纳一定的费用。小约翰非常高兴,回到家跟父母说了这件事,结果爸爸妈妈却笑眯眯地告诉他:"哦,那可真是太好了,但你是独立的男子汉,想必一定可以自己想办法交上这笔钱的吧!"

这一回,小约翰瘪着嘴哭了,喊着:"我不是独立的男子汉!我还是未成年人呢!"

懂事男孩的成长笔记

在成长的过程中,随着年龄的增长,我们都会经历这样一个阶段:渴望独立,渴望自己的事能自己做主。这是成长的必经之路,也是每一个男孩成长为一个男人的必经阶段。但我们也应当明白,独立不仅只是嘴上说说的事情,独立的前提是自己足够强大,强大到能为自己的人生负责,能为自己的选择承担后果。

如果只是像小约翰那样,只想自由决定一下上不上兴趣班,而不愿意承担与独立相伴的其他义务,那么还是乖乖闭嘴,好好学习,多为自己累积一些资本吧!不够强大的时候,任何"独立"都只是虚有其表的镜花水月,是没有底气的。

以前的我　　　　　　　　**现在的我**

自己的事情我想自己做主，至于其他的，当然还是交给爸爸妈妈解决啦。

我要让自己变强，这样才能真正做到独立自主，承担属于自己的责任。

✌ 我是有出息的男子汉！

　　我想成为一名独立自强的男子汉，而我知道，在此之前，我得做好很多准备。我得拥有更多的智慧，来帮助我在关键时刻做出明智选择；我得拥有更多的资本，来为自己做出的决定买单；我得拥有不凡的见识，来帮助我找到人生的方向；我还得拥有不屈的意志，好抵御那些试图将我拉上歧途的诱惑。

　　我是有出息的男子汉！我已经开始认真做准备了，在把"独立"挂在嘴上之前，我会让自己成长为足够强大的人！

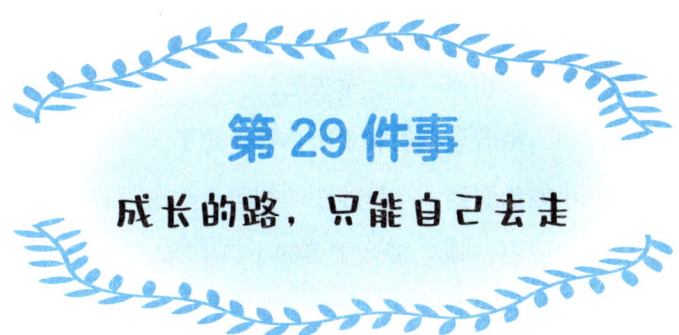

第29件事
成长的路，只能自己去走

路要靠自己去走，才能越走越宽。

——玛丽·居里（法国物理学家、化学家）

人生的路不可复制，谁也不会比你更了解自己，更清楚自己应该走什么样的路。

森林里有一只小熊猫，有一天，小熊猫的妈妈对他说："孩子，你已经长大了，应该去学习一些本领，这样才能保护自己。"

小熊猫觉得妈妈说得很有道理，决定要去寻找森林里最厉害的动物，学习他们的本领。

小熊猫遇到了黄鼠狼，他听说黄鼠狼特别有本事，森林里的动物都怕他。于是小熊猫便问黄鼠狼："黄鼠狼大哥，听说你特别特别厉害，那么，你到底有什么看家本领呢？"

黄鼠狼自豪地说道："放臭屁，每次遇到危险的时候，我都会放臭屁，把敌人熏晕！"

小熊猫惊讶地瞪大了眼睛："啊，原来这么简单，谢谢你，黄鼠狼大哥！"

接着，小熊猫遇到了豪猪，豪猪的战斗力在森林里那也是能排得上号的。于是，小熊猫便问豪猪："豪猪叔叔，你能把你的本领教给我吗？我

也想和你一样厉害!"

豪猪大方地把身上的刺分了一些给小熊猫,说道:"我身上的这些刺就是我的秘密武器,分给你一些,拿去吧!"

小熊猫很高兴,抱着豪猪的刺欢欢喜喜地走了。

回家路上,小熊猫遇到了一只凶恶的豹子,豹子盯着小熊猫,一边流口水一边恶狠狠地说道:"瞧,多么肥美的小崽子啊!"

小熊猫吓了一跳,连连后退,突然,他想起刚才和黄鼠狼大哥学的绝招,赶紧撅起屁股对准豹子。

豹子不明所以地看着小熊猫圆圆的屁股,纳闷地问道:"你在干啥?"

"熏死你!"小熊猫大吼一声,憋足了劲儿,终于放出一个屁。结果,豹子不仅没有被熏倒,反而乐得哈哈大笑起来。

小熊猫一愣,赶紧又掏出刚才豪猪给的"秘密武器",朝着豹子射了过去。结果,豹子一个灵活的闪身,就躲了过去。

这回小熊猫真的急了,吓得不知如何是好,只能拼命挥舞自己的爪子。看着小熊猫尖尖的爪子四处挥动,豹子一时之间竟无法逼近,只好灰溜溜地走了。逃过一劫的小熊猫擦了擦汗,自言自语地感叹道:"真没想到,原来最管用的,还是我自己的爪子呀!"

成功是不可复制的,成长同样也是不可复制的。在这个世界上,没有任何人能比我们自己更了解自己,更清楚我们应该走向何方。就像故事里的小熊猫,它努力学习别人的本领,试图复制别人的成功,但最后才发现,原来最适合自己的路,只有自己知道在哪里。成长的路,只能自己去走,没有任何人可以替代你描绘未来、书写人生。

Part 5 独立自强，是有出息的第一步

以前的我　　　　　　　　　现在的我

成长的路太难了，我需要找几个引路人，这样我就不需要自己去探索，也不怕走错路了，我真聪明啊！

不管多么艰难，我都要靠自己找到人生的方向，找到那条真正属于自己的路。

✌ 我是有出息的男子汉！

我听过许许多多的成功故事，从这些故事中，我看到了成功的多种可能性，也看到了每一个成功者之间的差异性。原来，优秀者的人生也是各不相同的，在许多人生路口的抉择中，没有绝对的正确或错误，有的只是适合与否。

我是有出息的男子汉！我知道，成长的路，只能靠我自己去走，而我也坚信，我会凭借自己的努力与坚持，让这条路越走越宽。

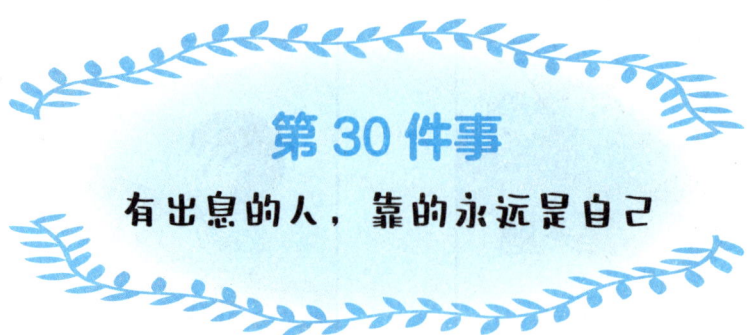

第30件事
有出息的人，靠的永远是自己

宿命论是那些缺乏意志力的弱者的借口。

——罗曼·罗兰（法国作家、音乐学家、社会活动家）

靠山山会倒，靠人人会跑。任何一个有出息的人，最大的倚仗永远是自己的本事。

1947年，美孚石油公司董事长贝里奇去开普敦巡视工作。中途，贝里奇去上洗手间的时候，注意到一个黑人小伙子，他正一边擦着洗手间地板上的水渍，一边虔诚地磕头，嘴里还念念有词地感谢着某个人。

看到这样的场景，贝里奇觉得很奇怪，就问这个小伙子："你在做什么？为什么要磕头？"

小伙子礼貌地回答说："我正在感激一位圣人，是他赐予了我这份工作。"

听到这话，贝里奇笑了起来，他说道："我也曾遇到过一位圣人，多亏了他，我今天才成为美孚公司的董事长。你想去见一见他吗？"

小伙子非常惊奇，瞪大眼睛看向贝里奇说道："我真的可以去拜访他吗？"

贝里奇点点头："当然，在南非，有一座非常有名的山，叫作大温特胡克山,那位圣人就住在山里,他可以给人指点迷津。但凡是拜见过他的人,最终都成就了一番事业。如果你愿意去拜见他,那么我可以做主,让你的上司给你一个月的假期。"

这位年轻的黑人小伙子非常激动,对贝里奇表达了诚挚的谢意之后就启程了。他一路上不畏艰难、披荆斩棘,终于登上了白雪皑皑的大温特胡克山。然而,到达这里之后,他却连半个人影都不曾见到。

一个月后,这个黑人小伙子失望而归,见到贝里奇后,他沮丧地说道:"先生,我到达了你说的地方,但那里除了我和皑皑的白雪之外,根本就没有圣人呀!"

贝里奇却毫不意外,理所当然地说道:"那当然,除了你之外,哪里还有什么圣人呢?"

这话让黑人小伙子愣住了,他凝眉思索片刻后转身离开。

20年后,这位小伙子经过不懈的努力,成为美孚石油公司开普敦分公司的总经理,他的名字叫作贾姆讷。

别人可以帮你一时,却不能帮你一世。在这个世界上,真正能够帮助我们改变命运的人,只有我们自己,也只有我们自己,才是我们所苦苦追寻的"圣人"。

贾姆讷是幸运的,他经历了两个至关重要的转折点。第一个转折点是在别人的帮助下获得一份可以让他养家糊口的工作;而第二个转折点则是在贝里奇的引导与启发下,找到了真正能够改变自己命运的"圣人"——他自己。

人这一生,想要走得远,必须靠自己。在旅途中,我们或许可以偶

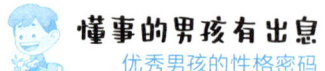

尔搭乘别人的"顺风车",但想要到达远方的目的地,主要还是得依靠自己的双腿,自己的力量。只有自己,才是自己命运的主宰者,也只有自己,才有资格谱写自己的"宿命"。

以前的我　　　　　　现在的我

生死有命,富贵在天,既然如此,那么老天爷啊,赐给我一棵摇钱树吧……

天下没有白吃的午餐,无论我想要什么,都得靠自己争取,哪怕身边最亲近的人,也不能替我走人生的路。

我是有出息的男子汉!

我有很好的父母,他们有体面的工作,对我极尽爱护;我有优秀的老师,他们认真负责,对我充满赞赏;我有真心的朋友,他们各有所长,对我情深义重——但我明白,真正能决定我的命运，能让我走向成功的，永远只有我自己。如果我一无所长，那么哪怕身边有千千万万双手想要将我推向成功，我的结局也只会是被推得人仰马翻罢了。

我是有出息的男子汉！无论身处怎样的环境，无论拥有怎样的资本，我都深刻地明白，那些真正有出息的人，靠的永远是自己！

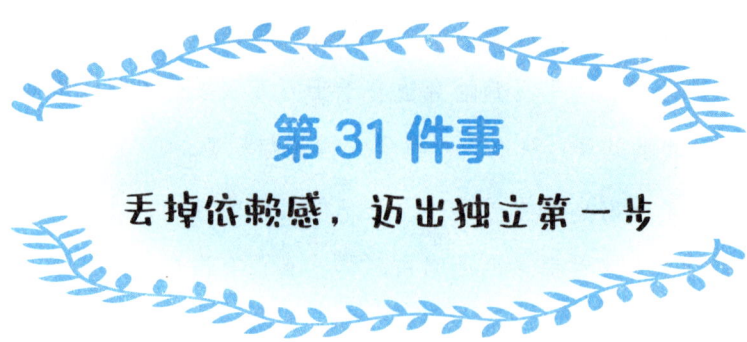

第31件事
丢掉依赖感，迈出独立第一步

只有我自己才是我的生命和我的灵魂的唯一合法的主人。

——马克西姆·高尔基（苏联作家）

依附他人而得到的东西，永远不是真正属于你的。唯有依靠自己的本事取得成就，才是你的立身之道。

有一个年轻人，他出生于英国一个富商家庭，只要他愿意，完全有条件享受衣来伸手、饭来张口的生活。但他显然并不想成为这样一个依附家庭而生的寄生虫。

13岁的时候，他就已经开始帮助父亲料理生意，但在经过一段时间的磨砺后，他发现这并不是他想要追求的东西。于是，在16岁的那一年，他选择离开家庭，独自外出谋生，为自己的理想而奋斗。

这个年轻人从小就喜欢戏剧，梦想成为一名剧作家。在离开家庭后，他只身来到伦敦，想要在剧院谋一份工作，以便能寻找到机会实现自己的梦想。可这个过程并不顺利，并不容易。

后来，有一家剧院需要一名帮观众看马的马夫。虽然这份工作和年轻人的梦想并没有任何关系，但他还是争取到了这份差事，并且认认真真地将这份工作做得很好。渐渐地，许多人都注意到了这个帮人看马的年轻人，他为人机敏，口齿伶俐，十分讨人喜欢。有时候忙不过来，戏园子的人就会找他去帮忙跑跑龙套，或者给演员提示台词。

有时候，他也会提出自己的一些想法。人们发现，他在舞台动作设计和念台词方面似乎有着与生俱来的天赋，常常能提出一些令人拍案叫绝的主意，于是，他获得了一份改编剧本的工作……

虽然他热爱戏剧，但他也并不是一直把自己"绑定"在剧院里。事实上，他的人生经历相当丰富，他在屠宰场当过学徒，给人做过书童，当过乡村教师，也加入过军队，做过律师……而这些丰富的人生经历，最终都成为了他创作的养分。

哦，对了，他的名字你一定听说过，他叫威廉·莎士比亚。

懂事男孩的成长笔记

依赖感是这个世界上最能消磨人意志的东西，如果不能丢掉依赖感，跳出舒适圈，我们就永远无法突破自我，超越自我，激发出自己真正的潜能。而在这个世界上，任何一个伟大的成功者，必然都是依靠自身的力量而成就非凡事业的。如果只懂得躲在别人的身后，那么即使站得再高，也不可能在历史的长河里留下自己的名字。

就如莎士比亚，若他始终安稳地享受富足的生活，依赖家庭的供养，舒舒服服地过着"富二代"的人生，那么他就永远不可能拥有那样丰富多彩的人生经历，更不可能将这些经历变为创作的养分，进而创作出一部部不朽的经典。

以前的我	现在的我

一个人走路太累了，不如搭个"顺风车"，有人遮风挡雨，有人代步行走，何乐而不为呢……	丢掉依赖的拐杖，才能在独立的道路上自由奔跑，脚下路，我要自己来走！

我是有出息的男子汉！

真正的独立不仅是行动上的独立，更重要的是心理上的独立。如果我不能摆脱对父母、对家庭的依赖，那么在遇到问题时，我就永远不会想着自己去解决；在面对挑战时，我就永远不能拥有独自担当的勇气。

我是有出息的男子汉！人生的路我要自己走，成功的大门我要自己叩响，所以，从今天起，我会丢掉依赖感，迈出独立自强的第一步！

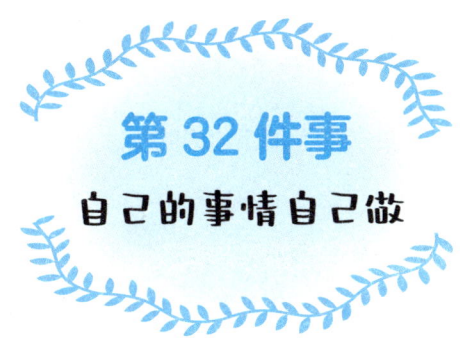

第32件事
自己的事情自己做

不管我们踩着什么样的高跷,没有自己的脚是不行的。

——贝托尔特·布莱希特(德国戏剧家、诗人)

独立的第一步,就是学会自己的事情自己做,毕竟没有任何人有义务一直帮你承担属于你的责任。

学校组织野营,到了营地后,老师把孩子们分成若干小组,让大家分工合作,在营地指导员的帮助下准备午餐。小贝贝和小淘气被分在了同一个小组。

小贝贝的爸爸妈妈工作比较忙碌,平时都是爷爷奶奶照顾他,老人家平日里对孩子比较溺爱,小贝贝现在都已经九岁了,却连鞋带都还不会自己系。

小淘气是小贝贝的邻居,比起小贝贝,小淘气可就能干多了,有时候爸爸妈妈不在家,他还能给自己做鸡蛋炒饭呢!

小贝贝和小淘气一起去捡干树枝做柴火,小贝贝笨手笨脚地划破了手,眼泪汪汪地对小淘气说:"我不会呀,你能不能帮帮我?"

小淘气想了想,朋友之间要互相帮助,于是点点头,自己一个人把树枝捡好了。

小贝贝和小淘气一起摘菜，小贝贝看着绿油油的菜，根本不知道该怎么办，于是又瘪着嘴，看着小淘气说："我不会呀，你能不能帮帮我？"

小淘气看着被小贝贝揉得烂糟糟的菜叶子，只好叹了口气，自己一个人把菜摘干净了。

到了做饭的时候，大家选择了方便快捷又好吃的火锅。大家都在开开心心地涮菜，小贝贝却拿着筷子不知道该怎么下手，眼巴巴地看着小淘气说道："我不会呀，都不知道哪些菜熟啦，你能不能帮帮我呀……"

这回小淘气是真的生气了，夹了一大筷子菜塞到自己嘴巴里，大声对小贝贝说："那我干脆也帮你把菜吃了吧！"

互相帮助是一种美德，但如果只等着别人的帮助，却忽略了"互相"两个字，那么最终只会被人所厌弃。在这个世界上，没有任何人有责任或义务来担负你的人生，父母或许会因为爱而愿意为你付出一切，但你不可能永远都活在父母的庇佑之下。

所以，自己的事情一定要学会自己做，自己的路也只能靠自己的腿去走。没有谁是生而知之的，不懂可以学，不会可以练，你不一定要事事擅长，但至少应该确保自己有最基本的生存能力。

以前的我	现在的我

系鞋带好难啊，既然妈妈会，就让妈妈帮我吧；扣纽扣好麻烦啊，既然奶奶行，就让奶奶帮我吧；吃饭可以安排爸爸喂；天气好热，爷爷就在旁边给我扇扇风吧……	我已经长大了，自己的事情可以自己做，即使是不会做的事情，也可以现在开始学习！

✌ 我是有出息的男子汉！

我不会系鞋带，但在妈妈的指导下练习好几次之后，我已经学会打工整的蝴蝶结了；我不会煮饭，但在经历了几次不算成功的尝试后，我已经能够用电饭煲煮出喷香的米饭了；我不会洗衣服，但在多次尝试之后，我终于学会了操作洗衣机——原来，生活中有很多事情，都是从"不会"到"会"的，但如果因为不会就放弃尝试，那么恐怕就只能永远都不会了。

我是有出息的男子汉！面对那些"不会"的事情，我不会再望而却步，也不会给自己偷懒的机会，我愿意去学习，去尝试，把"不会"变成"会"。

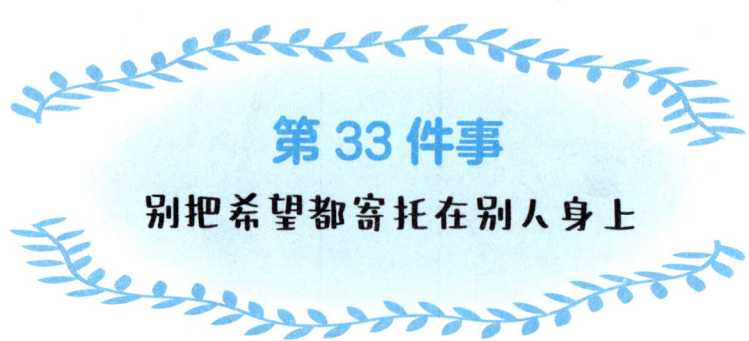

第33件事
别把希望都寄托在别人身上

自强像荣誉一样,是一个无滩的岛屿。

——拿破仑·波拿巴(法兰西第一帝国皇帝)

如果你总是习惯把希望寄托在别人身上,那么即使能够取得一时的成功,也无法赢得真正的胜利。

在春秋战国时代,有一位非常勇猛的将军,为了保家卫国,抵御敌人的入侵,他带着自己的儿子一起上了战场。

儿子还很年轻,没有历经过战火的历练,也不曾真正体会过战争的残酷。将军看出了儿子的紧张与胆怯,于是在战争开始之前,把一个插着一支箭的箭囊交给了儿子。这是一个极其精美的箭囊,由最厚实的牛皮打制,镶嵌着寒光闪闪的铜边,就连插在箭囊里的那支箭羽也似乎要比寻常箭羽漂亮得多。

将军告诉儿子:"这是咱家的宝贝,传了许多代,只要将它带在身边,就能拥有无穷的力量,战无不胜。但你要记住,一定不能把它抽出来。"

儿子郑重地接过箭囊,仿佛真的感觉到了无穷的力量,他坚信,自己只要带着这个箭囊,就一定能和父亲一样战无不胜。

战争开始了,儿子背着箭囊,果然表现得英勇非凡,直接冲入敌军之中，不畏生死。士兵们都被儿子的勇猛感染了，纷纷跟在他的身后奋勇杀敌。

战局已定，当鸣金收兵时，还沉浸在激动情绪之中的儿子终于再也按捺不住自己的好奇心，从这个神奇的箭囊中抽出了这支神奇的箭，想瞧瞧这个传家宝究竟是个什么模样。

然而，让他没有想到的是，他拔出的，竟然是一只再普通不过的断箭，根本不是什么神奇的宝物。儿子顿时惊出一身冷汗，原来自己竟然一直背着一支断箭在千军万马中冲杀！

真相暴露的一瞬间，儿子浑身的力气仿佛瞬间都被抽干。他还没来得及反应过来，就被一个普通的小兵斩下了马，惨死在乱军之中。

战争结束后，将军找到儿子的尸体和他身边的那支断箭，哀叹道："把希望寄托于外物身上，却不肯相信自己的意志，这是永远都做不成将军的！"

懂事男孩的成长笔记

当他相信自己战无不胜时，他就是战场上最英勇的士兵，悍不畏死，所向披靡；而当他对自己失去信心时，他就成了最怯懦的胆小鬼，最终死于乱军之中。明明都是同一个人，却呈现出了完全不同的两面，可见，信念的力量有多么强大！

一个人，如果连自己都不相信，那么即使拥有毁天灭地的力量，也是做不成什么大事的。就像将军所感叹的那般，一个人，如果连自己都不敢相信，只把希望寄托在别人身上，那么这样的人是永远无法成为自己的主宰，成为真正的英雄的。

以前的我	现在的我

今天求了一支上上签,考试一定能通过的吧,希望老天保佑呀!	认真复习,多多做题,只要付出努力与汗水,成绩就一定会好的。

✌ 我是有出息的男子汉!

如果每次遇到困难,我都向父母求助,希望他们帮我解决问题,那么我就永远都不会知道自己的能力有多强。唯有学会相信自己,我才能真正成为一个独立的男子汉,也才能真正明白自己的人生道路应该怎样去走。

我是有出息的男子汉!所以,我不会把希望寄托在别人身上,指望别人帮我获得成功。我相信自己有面对挫折的勇气,有挑战困难的能力,我会勇往直前,不畏惧一切艰险!

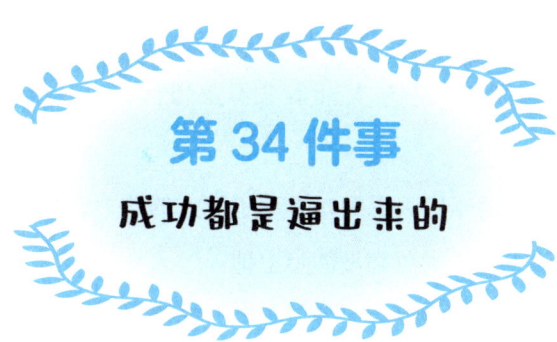

第34件事
成功都是逼出来的

最困难之时，就是我们离成功不远之日。

——盖乌斯·尤利乌斯·恺撒（古罗马政治家、作家）

很多时候，我们其实远比自己所以为的要更优秀。无法成功，只是因为缺少孤注一掷的勇气和面对困难的决心罢了。

有一位印度大富翁，膝下只有一个独生女，为了给女儿找一个优秀的女婿，他举办了一场十分盛大的宴会，邀请所有青年才俊都来参加。

宴会上，富翁当众宣布，不管是谁，只要能通过他的考验，成为他的女婿，就能继承他所有的财产。听到这话，大家都非常激动，谁都希望自己能成为最后的大赢家。

但很显然，想要通过富翁的考验可不是件容易的事儿，当考验的内容揭晓后，许多人都迟疑了。

在富翁的庭院里，有一个巨大的游泳池，富翁所说的考验，就是要求这些年轻人游过泳池。谁能率先抵达对岸，谁就是赢家，就有资格做他的女婿。这听上去似乎并没有什么难度，但当大家走到泳池旁才发现，原来泳池里竟养了十几条大鳄鱼。

财富虽诱人，但要是连小命都丢了，要再多的财富又有什么用呢？

就在众人都犹豫不决的时候，一个年轻人不知是被谁推了一下，竟直接跳入了游泳池。伴随着众人的惊呼声，年轻人也懵了，看着周围一条条凶残的鳄鱼，年轻人根本来不及想什么，只能拼命朝着对岸游去。

生命受到威胁的年轻人瞬间爆发出了惊人的潜力，他从没想过自己竟然能游得这么快，就连鳄鱼都没能追上他。

当年轻人成功游到对岸的时候，他甚至还没反应过来，就成为了优胜者。面对众人艳羡的目光，年轻人长舒了一口气，微笑着说道："我真该感谢那个推我的人，如果不是他，我可能永远都不知道，我竟然能游得这样快，并且成为最终的优胜者。"

当一个人别无选择的时候，他才会拼尽全力地去努力，从而迸发出最大的潜力。就像故事中的年轻人，面对满是鳄鱼的游泳池，他并不认为自己有足够的能力游到对岸，也并不准备去做这样的尝试。如果不是有人将他推下去，那么想必他终其一生都不会知道，原来在面临生死的抉择时，自己竟然能游出这样惊人的速度。

很多时候，压力之于我们而言，就是最好的助燃剂，只有让自己真正处于压力之中，我们才能知道自己究竟能燃烧得多旺盛。很多的成功都是逼出来的，所以，适当地给自己一些压力，有时往往能取得意想不到的效果。

以前的我	现在的我

我对自己的能力心中有数，太难的事情不适合我，谁让我天生就没那么厉害呢！

敢于挑战，才能突破自我，我要将压力化为动力，激发出自己最大的潜能！

✌ 我是有出息的男子汉！

在面对困难的时候，如果我认为我不行而选择放弃，那么我就真的失败了。但如果我接受挑战，直面困难，那么或许要承受巨大的压力，但这样的压力很有可能会激发我的潜能，让我迸发出连自己都想象不到的力量。

我是有出息的男子汉！所以，我不畏挑战，不惧失败，因为我知道，人只有不断地挑战自我，才能实现突破，才能将自己逼向成功。

Part 6
团结是世间最强大的力量

> 我们知道个人是微弱的,但是我们也知道整体就是力量。
> ——卡尔·马克思(无产阶级革命导师、马克思主义创始人)

以前的我

集体大扫除,我们小组负责打扫北边的操场,我只把我负责的那块区域扫干净就走了,由于其他组员没有打扫干净,我们小组受到了老师的批评。

现在的我

我不仅打扫了我负责的区域,还帮助了其他组员,我们组扫得又快又干净,受到了老师的表扬。

第35件事
个人英雄时代的终结

一个人像一块砖砌在大礼堂的墙里，是谁也动不得的；但是丢在路上，挡人走路是要被人一脚踢开的。

——艾思奇（中国哲学家）

个人的力量是渺小的，但集体的力量却是伟大的，当人与人团结在一起时，这些微小的力量就会汇聚在一起，创造出惊人的奇迹。

国王有十二个儿子，个个都本领高强，骁勇善战。这原本是件大好事，但偏偏这十二个王子非常不团结，常常因为一点鸡毛蒜皮的小事就闹矛盾，这让国王头疼不已。如今，国王年纪已经很大了，但实在不放心把王国交到王子们的手中。如果他们不能学会团结合作，那么总有一天，王国也会因他们而四分五裂的。到底应该怎么办呢？

宰相是王国里最聪明的人，他得知国王的烦恼之后，对国王说道："这件事就交给我解决吧。"

很快，王子们就收到了宰相的请帖，邀请他们到家中做客。到了赴宴的那天，王子们到达宰相家后，发现他准备了丰盛的美食，以及十二双特制的长筷子。这筷子可真的是太长了，根本就没法使用。王子们面面相觑，都不知道宰相是什么意思。

宰相笑着对王子们说道:"前天晚上,我做了一个梦,梦中有一位仙人,他给了我这样一双长筷子,并告诉我,如果能想到办法,用这双长筷子在规定的时间内将一桌的美食吃完,并且不能有任何浪费,那么我们的国家就能长久地繁荣昌盛下去!"

王子们并没有怀疑宰相的话,毕竟他是王国里最聪明的人,他说的话必然是有道理的。于是,王子们开始拿起筷子,使出浑身解数,想把食物送到自己口中。可筷子实在是太长了,使用起来极其艰难,还总容易把食物弄得到处都是。这可怎么办呢?

就在大家苦恼不已时,头脑最聪明的小王子突然有了主意。他用自己的长筷子夹起食物,送到了坐在他对面的哥哥的嘴边上,哥哥一张嘴,就吃到了美味的食物。其他王子看到这一幕,也都纷纷效仿小王子,用长筷子将食物送到其他兄弟口中。

当满桌的美食被吃干净之后,宰相露出了欣慰的笑容,他对十二位王子们说道:"现在,办法已经被你们找到了。"

王子们顿时恍然大悟,明白了宰相的用意。原来,让国家长久繁荣昌盛下去的秘诀,就是要学会团结合作啊!

懂事男孩的成长笔记

能让国家长久繁荣昌盛的秘诀是什么?没错,就是团结与协作。

王国中拥有十二个优秀的王子,这是非常幸运的事情,但如果这十二个王子不懂得团结协作,甚至彼此争权夺利,各自为政,那么幸运就会演变成为不幸。只有当他们学会团结一心,一起携手为王国的发展而努力时,才能真正发挥出最大的力量,让王国更好地发展下去。

在这个时代,科技日益发达,而个人的力量实在太过渺小,无论个体

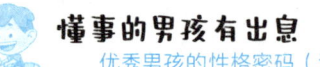

多么强大,在发达的科技面前,都是不堪一击的。人类唯有团结在一起,才能创造出伟大的奇迹。

以前的我　　　　　　　现在的我

超人拯救地球从来不带小弟,我做事情为什么要和别人合作呢?

懂得了一支箭易折断而一把箭不易折断的道理,当我和别人一起合作时,我们做到了自己一个人无法做到的事情。

✌ 我是有出息的男子汉!

每个人或许都曾梦想过成为超人,但事实上,我不是超人,也并不具备一拳就能打穿地球的强大力量。但这并不要紧,虽然我没有超人那样强大的力量,但我知道,我可以努力打造一个足以媲美超人的力量的团队。当无数微小的力量都汇聚到一起时,我们就能创造奇迹与未来。

我是有出息的男子汉!在这个时代,团结协作的力量正在崛起,我会努力成为其中一员,在团结与协作中成就未来。

第36件事
修炼自己的"社交力"

大丈夫处世，当交四海英雄。

——陈寿（西晋史学家）

人类是群居动物，社交不仅是人的一种本能，同时也是人的一种资本，可以帮助我们达成一加一大于二的效果。

曾看到过这样一个故事。

一天，一只年老体迈的青蛙在路过一片森林时，遇到了一只同样年老体迈的蜘蛛。老青蛙和老蜘蛛其实算是老相识了，在他们还很年轻的时候，他们就曾遇见过对方。那时候，青蛙正忙着一蹦一跳地四处寻找食物，而蜘蛛则忙着在树梢上结网。

后来，他们又曾遇到过几次，每一次相遇，青蛙都在忙着蹦蹦跳跳地捕捉猎物；而蜘蛛呢，则特别"悠闲"，不是趴在网上晒太阳，就是慢悠悠地享用自投罗网的猎物。如今，青蛙已经老了，不再像从前那般强壮，也无法再跳得像从前那样高、那样远；而蜘蛛却仍旧和从前一样，懒洋洋地趴在大大的蛛网上。

看到这一幕，老青蛙忍不住抱怨道："我这一生都在勤勤恳恳地捕捉猎物，但也只能做到勉强糊口。如今，我年纪大了，身体没有从前那般好了，也无法再像从前那样捕捉到足够的猎物，等待我的将是饿死。可你呢，从来不需要像我这样奔波劳碌，却还是过得丰衣足食，就算年纪大了，也不需要为此而担心，总有猎物自投罗网，给你送来美味佳肴。命运可真是不公平啊！"

听到老青蛙的叹息，老蜘蛛却说道："话可不是这样说的，你瞧瞧我，双腿纤细，没有你这样的力量和本事来捕捉猎物，我能过这样的生活也是多亏了我结成的网。为了结这张网，我同样经历过日复一日的操劳，在网结成之后，也得时时注意修复破损的地方。当然，我比你幸运之处在于，网不会因为我年老体衰而失去效用，所以直到今日，它也仍旧能成为我生活的倚仗。而你呢，一直都只依靠自己的四条腿生活，如今腿脚没了力气，日子自然也就难过了……"

单打独斗者，依靠的是自身的力量，而一旦自身出现问题，那么就会瞬间失去倚仗，让生活跌入尘埃。就像故事里的青蛙，依靠强健的身躯去捕获猎物，一旦出现衰老或病痛，身体不再那么强健，自然也就会失去生活的倚仗。不得不说，这样的生存方式，对风险的防范能力是非常低的。

与青蛙相对的，是蜘蛛。正如蜘蛛所说，单从个体战斗力来看，它是孱弱的，没有强健的双腿，也无法像青蛙那样灵活地蹦蹦跳跳。但它却为自己织就了一张大网，让这张网成为它的助力。哪怕有一天，它年老体迈或健康堪忧，但只要这张网还在，它就依然有过日子的资本。

人也是如此，只靠单打独斗，对风险的抵御能力是非常低的。但如果懂得经营，善于合作，那么抵御风险的力量就会增强。

以前的我	现在的我

以前的我不喜欢交朋友，喜欢一个人待着。	努力修炼"社交力"，我们要学会交友，团结合作才能力量大。这些都将成为我获取成功的重要资本。

我是有出息的男子汉！

我曾以为，社交就是吃、喝、玩、乐，那么如果我一个人也能获得这样的乐趣，又何必去社交呢？直到后来，我和隔壁班的讨厌鬼发生冲突，当他向我发出挑战，要求以打篮球定胜负时，我发现自己居然连一支像样的球队都组建不了，我才意识到，原来社交不仅仅是吃、喝、玩、乐，还能成为我的强大助力啊！

我是有出息的男子汉！从今天起，我会努力修炼我的"社交力"，经营好自己的人际关系。我相信，总有一天，这些都会成为我立足社会的强大资本。

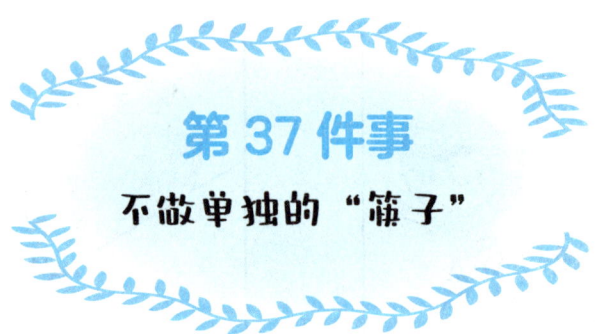

第37件事
不做单独的"筷子"

若不团结,任何力量都是弱小的。

——让·德·拉·封丹(法国诗人)

一根筷子,只需要稍稍用力,就能从中折断。但若是一把筷子,那么恐怕用尽九牛二虎之力,也无法将其折断。这就是团结协作的力量,当一个个微小的力量汇聚到一起时,总能成就惊人的奇迹。

很多人都曾观察过蚂蚁,那么,你是否曾在某个下雨天碰到过蚂蚁"搬家",或是在某种机缘巧合之下瞧见蚂蚁"过河"呢?

蚂蚁不会游泳,所以它们对水非常敏感,总能在下雨之前就预先感知到天气的变化,然后浩浩荡荡地离开蚁巢,搬到更安全的地方。

但有的时候,也会有意外发生。比如这一次,在某户人家的菜园子里,一群蚂蚁的蚁巢正巧建在菜地边上。这天天气非常晴朗,微风习习,阳光暖融融地照耀着大地,一切都十分美好。

在这样舒适的日子里,菜园子的主人挖开沟渠,准备浇灌自己的菜园子,一场"人祸"就这样打了蚂蚁们一个措手不及。滔天的"洪水"瞬间就淹没了蚁巢,"陆地"面积越来越小,很快就要被水流完全淹没。

蚂蚁们慌乱地离开洞穴，但很快，它们就变得秩序井然起来。只见它们聚拢在一起，紧紧抓住彼此，很快就聚拢成了一个大大的蚂蚁团。这时候，水已经完全淹没了"陆地"，巨大的蚂蚁团在水面上飘荡起来，在微风吹拂下向某个方向飘去。

最后，它们终于抵达了目的地，登上了新的"陆地"。此时，蚂蚁团才纷纷散开，准备进行下一步的工作——重建家园。

不得不说，蚂蚁们真是厉害呀！尤其是它们团结协作的本领，那可真是太强啦！

一个人的力量是有限的、渺小的，但如果能将这些有限的、渺小的力量汇聚到一起，那么就会形成一股让人无法忽视的巨大能量，创造令人惊讶的奇迹。就像这一只只的小蚂蚁，单独的一只蚂蚁在遇到"洪水"时，或许根本没有逃生的可能，但当它们聚集在一起，团结协作时，这种不可能也就变成了可能。

就像一根单独的筷子，只需要轻轻用力就能掰断，但如果是十根、一百根、一千根筷子呢？所以，人要学会团结与协作，也唯有团结与协作，才能创造"不可能"的奇迹。

以前的我	现在的我

各人自扫门前雪，莫管他人瓦上霜。我照顾好自己就行啦，管其他人做什么呀！	团结一切可团结的力量，就能做成看似不可能完成的事情。我一个人的力量虽然微不足道，但只要和我的伙伴们在一起，我们就能战胜困难！

✌ 我是有出息的男子汉！

当我独自去做一件事的时候，我的缺点都会暴露无遗，这些缺点也让我距离成功越来越远。但当我找到志同道合的伙伴一起去做这件事情时，我发现他们的优点恰好能够弥补我的缺点，而我所擅长的，也恰好能够为他们提供帮助。当我们彼此携手，共同努力，达成团结与协作后，才发现原来成功并没有那么遥远。

我是有出息的男子汉！但我绝不会去做"孤胆英雄"，因为我知道，如果我只是一根单独的"筷子"，那么我就是渺小的，但如果我能和千千万万的"筷子"团结到一起，那么我就能做撬动地球的那根"杠杆"。

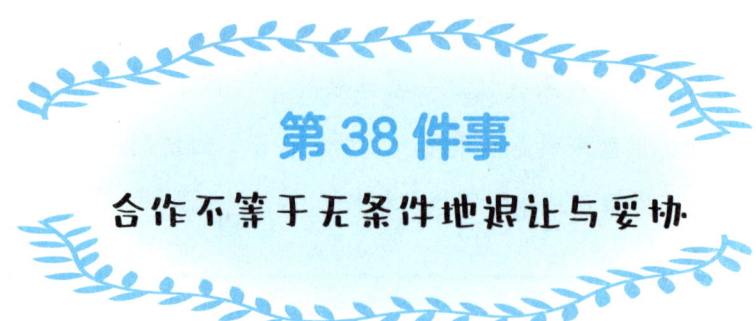

第38件事
合作不等于无条件地退让与妥协

> 无论是美女的歌声,还是鬣狗的狂吠,无论是鳄鱼的眼泪,还是恶狼的嚎叫,都不会使我动摇。
>
> ——乔治•查普曼(英国诗人、剧作家)

人们常说,退一步海阔天空。有些时候,退让与妥协确实能避免很多矛盾,但合作并不等于无条件地退让与妥协,只有真正做到坚持原则、坚守底线,才能让合作取得一加一大于二的效果。

一位著名的外科医生要挑选助手,在一系列考核后,一位年轻的女护士有幸进入最后的考核环节。这个环节的考核很简单,就是让她担任责任护士,和这位医生合作进行一项简单的手术。

手术进行得很顺利,就在医生准备为病人缝合伤口时,年轻的女护士却突然出声阻止道:"医生,刚才手术时您一共使用了15块纱布,但只取出14块,还有1块纱布没有取出,不能进行伤口缝合。"

听了女护士的话,医生却坚定地摇了摇头,说道:"不,我很确定,纱布已经全部取出了。"

说着,医生就准备进行伤口缝合。

站在自己眼前的,可是一位闻名中外的著名外科医生,恐怕任何人都不会相信他会犯下这种低级错误。事实上，就连女护士自己都觉得匪夷所思，但她依然还是坚定地阻止道："我认为我们应该再检查一次，我很肯定，您刚才一共用了15块纱布，但后来只取出了14块，请您相信我！"

此时，医生已经有些不耐烦了，说道："你想成为我的助手，却在这里质疑我吗？"

听到这话，女护士知道，如果自己再据理力争下去，那么很可能就会失去这个工作机会。但她仍旧还是坚持道："无论如何，我们必须对病人负责！"

这时，医生突然笑了起来，举起手，让女护士看到了他一直握在手心里的第十五块纱布，并声音温和地说道："合作愉快，以后担任我正式的助手时，也希望你能一直像今天这样坚持原则。"

懂事男孩的成长笔记

人们常说，退一步海阔天空。确实，在与人合作时，为了达成更好的效果，实现彼此的磨合，一定程度上的退让与妥协是非常必要的。但我们也应当明白，真正的合作除了退让与妥协之外，同样也少不了坚持，尤其是在涉及原则问题的时候。

就像故事中的女护士，如果她为了能得到一份工作，就毫无原则地放弃自己的坚持，那么一旦出现问题，不管是她还是她的合作者，都会面临不小的麻烦。当然，最终的事实也证明，医生在为自己选择合作者时，真正想要的，也并不是那种只会一味顺从的人。

最好的合作，应当是取长补短，做彼此的齿轮，在相互的磨合中，用自己的长处弥补对方的短处，彼此携手，共同进步。

| 以前的我 | 现在的我 |

退一步海阔天空，为了避免争执，就一切都听别人的吧，反正也不是什么重要的大事。

合作需要妥协，但同时也需要坚持原则和底线，这样才能真正完成团队的磨合，取长补短，把事情做到最好。

我是有出息的男子汉！

当我和别人一起合作时，如果我事事退让，哪怕面对对方的错误也视而不见，那么确实可以避免许多的矛盾和争端。但相应地，这样的合作也不可能发挥出一加一大于二的效果，更不可能交出让人满意的答卷。

我是有出息的男子汉！所以，我不会为了避免一时的争端就选择毫无原则的妥协和退让，我相信，这也并不是我的合作伙伴想要看到的。我们不仅要做彼此的伙伴，更要做彼此的监督者，在火光四溅中碰撞出最美妙的灵感。

Part 6 团结是世间最强大的力量

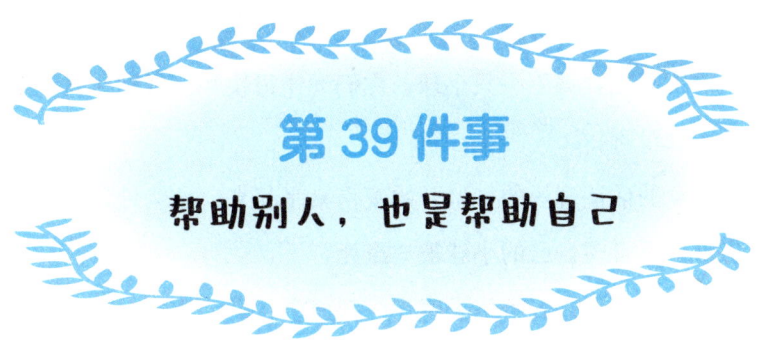

第39件事
帮助别人，也是帮助自己

单个的人是软弱无力的，就像漂流的鲁滨逊一样，只有同别人在一起，他才能完成许多事业。

——亚瑟·叔本华（德国哲学家）

帮助其实是相互的，很多时候，我们在帮助别人的时候，其实也是在帮助自己。

一位教育学家常常到各个小学演讲，每次他都会带孩子们一起做些颇具教育意义的游戏。有时这些游戏能带给他惊喜；当然，有时游戏的结果也会让人有些失望。

这天，他应邀来到一所小学。这是一所非常普通的乡镇小学，没什么大名气，师资力量也并不雄厚。但让教育学家未曾想到的是，就是在这所普普通通的小学，他得到了巨大的惊喜。

在演讲过程中，教育学家按照以往的流程，随机从现场挑选出五个小朋友，邀请他们和自己玩一个游戏。教育学家拿出一只瓶口比较窄的玻璃瓶，瓶中装着大小不一的五个小球，每个小球上都连着一根绳子。

教育学家把连接小球的五根绳子分别交给五个孩子，并对他们说道："现在，你们每个人都拽住了一个小球，这个小球就代表着你们自己。很快就会有一场灾难降临，洪水铺天盖地而来，而你们需要做的，是在最短的时间里让小球'逃'出瓶子，否则就会被'淹死'在瓶中。记住，瓶口很小，一次只能容得下一只小球，你们动作得快些，可别让自己落到后面，被洪水吞没呀！"

教育学家的话让现场的气氛开始变得紧张起来，虽然只是一个小小的游戏，但谁也不希望自己的小球被"淹死"。

听完游戏的规则，五个孩子凑在一起窃窃私语了片刻，随后便示意教育学家可以开始游戏了。随着一声令下，教育学家将手中的水朝着瓶口灌了下去，情况十分危急。但这五个小朋友却不慌不忙，只见他们依次迅速地把小球从瓶中拽了出来，一次一个，完全没有任何"拥堵"事件发生。几秒钟的时间，五个小球就全部"脱险"了，没有被水流吞没。

教育学家非常惊讶！其实，教育学家在许多学校都让人玩过这个游戏，其中不乏一些特别有名的小学，但每一次，孩子们都会因为争先恐后地想把自己的小球拉出来，结果反而导致小球们挤在一起，进退不得，最后一块儿被水流吞没。

教育学家问孩子们，为什么没想着去争抢。孩子们面面相觑，过了一会儿，其中年纪最大的孩子才有些不好意思地说道："瓶口太小了，如果大家都想让自己的小球先出来，反而会挤在一起，谁也出不来。但如果能互相帮助，先让一个小球出来，再让一个小球出来，这样反而更能节省时间。有时候，帮助别人，其实也是在帮助自己。"

在遇到事情时，每个人都会下意识地为自己考虑，第一时间维护自己

的利益。这并没有什么错,只是很多时候,这种下意识的自我维护,往往会蒙蔽我们的双眼,让我们无法冷静地寻找到最好的方式,来实现共赢。

就像这个拉小球的游戏,当生命面临威胁时,人人都想着第一时间逃生,结果却反而因为彼此争抢而浪费了更多时间。但其实,只要我们能够稍微放下一点私心就会发现,有时候解决问题的方法并不一定是你争我夺。很多时候,帮助别人其实也是在帮助自己,只要彼此合作,就能实现共赢。

以前的我　　　　　　　　　现在的我

遇到危险,那当然是第一时间赶紧跑啊,哪里还有时间去管别人?

当我愿意向别人伸出援手时,我才发现,原来很多时候,帮助别人就是在帮助自己。

我是有出息的男子汉!

我曾和同桌一起打赌,看谁能在期末考试时取得更高的分数。为了战胜彼此,我们开始互相干扰。结果,到期末考试时，我们都没能取得理想的成绩。而现在，当我们取消赌约，不再想着战胜彼此之后，我们开始互相帮助，分享彼此的学习心得，我们的成绩都有很大的提升，还受到了老师的表扬。原来，想要获得成功的方式并不是互相伤害，而是互相帮助。

我是有出息的男子汉！从现在开始，我会努力去帮助别人，在良性竞争中获得进步，也只有这样的进步，才能实现真正的自我提升。

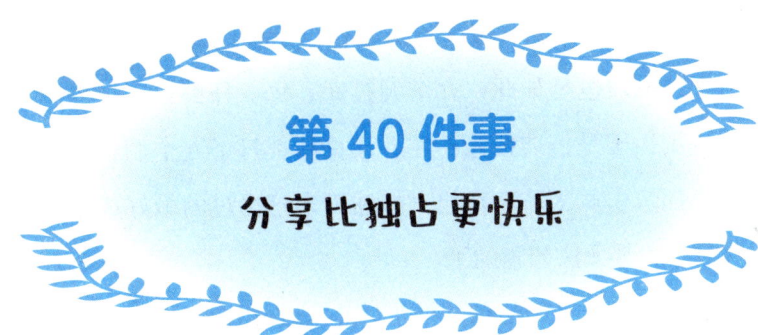

第40件事
分享比独占更快乐

> 如果你把快乐告诉一个朋友,你将得到两个快乐;而如果你把忧愁向一个朋友倾吐,你会被分掉一半忧愁。
>
> ——弗兰西斯·培根(英国哲学家)

分享是一种给与,但同时也是一种获得。吝于分享的人,所错失的宝藏,是难以估量的。

以色列犹太人在安息日都不可以做事情,严格来说,哪怕连按电梯按钮都是不允许的。但有一位信徒,他十分喜欢打高尔夫球,平时忙于工作,也抽不出时间去打,到了安息日时,便怎么都按捺不住内心的渴望了。

"要不我就偷偷去打九个洞,我发誓,真的就九个洞……"他想着,便悄悄去了球场,一看周围确实一个人也没有,顿时高兴起来。

实际上,他的行为统统被小天使看在了眼里。小天使非常生气,跑到上帝那里告状,说这个人不守规矩,一定要好好惩罚他。

上帝点点头,毫不在意地挥了挥手,像是施展了什么法术。小天使好奇地继续看向不守规矩的信徒,想知道上帝究竟对他施与了什么样的惩罚。

此时,信徒已经拿起了球杆,猛地一挥,一杆进洞!信徒非常高兴,

继续挥杆打球——又是一杆进洞！就这样，接连打了四个洞，都是一杆进洞，信徒激动不已，感叹道："今天自己的手感也太好了吧！"

接下来的成绩也是如此，九个洞打完，每一杆都是一杆进洞，这简直就是神迹啊！于是信徒按捺不住，又重新再打了九个洞，结果依然如此，他简直都快乐疯了，这是他自打球以来打出过的最好成绩，甚至可以说是往后余生都无法超越的了。

看着信徒高兴得手舞足蹈的样子，小天使瘪了瘪嘴，问上帝："您不是说要惩罚他吗？可是我看他并没有受到什么惩罚啊，反而还高兴成了这样……"

然而上帝却微笑道："我已经将惩罚降下了。你想想看，他打出了这样神奇而惊人的成绩，满心欢喜与激动，却因为是违规打球而无法对别人言说，与别人分享，那是多么大的遗憾与痛苦啊！"

快乐因分享而变得有价值和有意义。试想一下，当你遇见一件天大的好事，是不是会很想昭告天下，让所有人都知道这件大好事？但如果你无法与人分享，那么在短暂的快乐之后，是不是就很难继续保持好的心情，甚至可能会感到强烈的孤独与痛苦呢？

就像故事里的信徒，上帝让他超常发挥，打出了前所未有的好成绩，这是多么令人欣喜若狂的事情。但因为他是违规偷偷去打球的，所以他又无法将这前所未有的好成绩和别人分享。这种感觉就好像明明怀揣着巨大的珍宝，却无法展示在别人面前，以至于在全世界的眼中，你依然是个贫穷落魄的人一样。而在这样的情况之下，即使怀揣珍宝，又有什么意义呢？

Part 6 团结是世间最强大的力量

以前的我

我的东西都是我的，怎么可以给别人呢？要是给了别人，我拥有的不就少了吗？

现在的我

当我试着将自己的东西分享给别人时，别人也将他们的东西分享给我。最后，我们获得了更多的快乐。

✌ 我是有出息的男子汉！

很多时候，分享其实比独占更快乐。当我将零食和玩具分享给朋友时，表面上看我的零食和玩具减少了，但实际上，在将这些东西分享出去的时候，我也会相应地接收到朋友的感谢，这带给我的愉悦感和满足感，都是远胜于我所付出的零食与玩具的。

我是有出息的男子汉！我明白，快乐不会因分享而减少，悲伤则会在分享中获得治愈。所以，我不会吝啬去分享，无论是好的还是坏的，分享永远都能比独占更快乐。

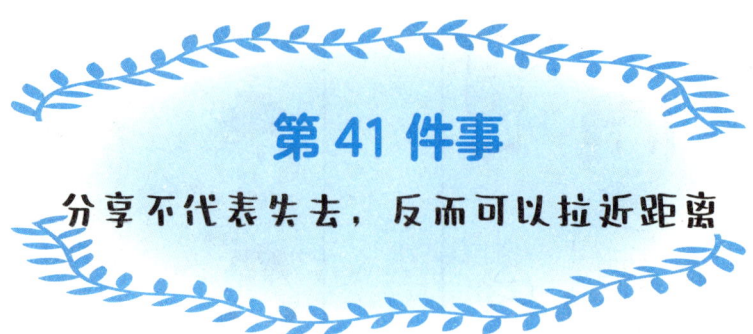

第41件事
分享不代表失去，反而可以拉近距离

乐人之乐，人亦乐其乐；忧人之忧，人亦忧其忧。

——白居易（唐代诗人）

分享是最能拉近和别人距离的一种方式。很多时候，分享其实并不意味着失去，而是一种双赢。

曾经有一位父亲，一天，他将自己的三个儿子叫到身边，问他们说："咱家现在有两筐桃子，都已经非常熟了，如果不尽快吃完，就会腐烂坏掉，你们认为应该怎么做，才不会浪费掉这些桃子呢？"

大儿子想了想，说道："咱们应该先把熟透的挑出来吃掉，因为这些是最容易坏的。"

父亲对这个回答不满意，摇摇头说道："等你把这些吃完，那另外的桃子恐怕也要坏啦！"

二儿子思考再三，说道："要我说，还是应该先把最好的挑出来吃掉，不管怎么样，也不能把好的浪费了，减少损失嘛！"

父亲还是摇头："你这样依然还是会浪费掉很多桃子，那太可惜了！"

说着，父亲把目光转向了一直沉默不语的小儿子，问道："你呢？想到什么好办法了吗？"

小儿子笑了笑,说道:"不如把这些桃子给邻居们都送去一些,让他们帮忙一起吃,这样就不会浪费了呀!而且还能增进邻里之间的感情,以后我们需要做什么事情的时候,邻居也会因为这些桃子而给我们一些帮助,何乐而不为呢?"

听到这个回答,父亲终于满意地笑了,让孩子们将桃子分给了邻居。

后来,这个小儿子长大后成为了联合国的秘书长,他的名字叫作潘基文。

懂事男孩的成长笔记

如何才能不浪费一筐成熟的桃子?面对这个问题,大部分人的第一反应想必都和故事中的两个哥哥一样,想的是自己要怎么吃才能把桃子全部吃完。但实际上,如果真的按照这个思路,哪怕最后能将桃子吃完,想必在待吃的过程中桃子也已经变了味,吃桃子也不再是一种美好的享受,这样一来,同样也是一种浪费。

而潘基文的想法则跳出了这个局限,不仅仅只着眼于自己家如何分桃子,而是把桃子分给更多的人,用多余的桃子作为人情,拉近和他人的距离,换来更多的善意与感谢,这才是真正的双赢。这就是格局,是心胸,正是因为有大格局,有宽广的心胸,潘基文才能跳出思维的局限,用分享实现双赢。

| 以前的我 | 现在的我 |

桃子都熟透了，很快就会坏掉，为了避免浪费，我要逼自己把它们都吃完！

桃子都熟透了，太多了，所以就把它们都分给了小伙伴。大家都很开心，桃子可真美味啊！

我是有出息的男子汉！

我常常不知道该如何与人打交道，直到后来，我尝试着将手中的玩具分享给别人，很快就交到了一个朋友。现在，我已经明白该如何迅速与人拉近距离了，那就是分享！将我的善意分享给他人，他人便会回报我同样的善意，而在这个彼此分享的过程中，我们的距离不知不觉就拉近了。

我是有出息的男子汉！我要有广阔的心胸，有长远的眼光，不会只局限于眼前的小利益，更不会因吝于分享而失去真正的宝藏。

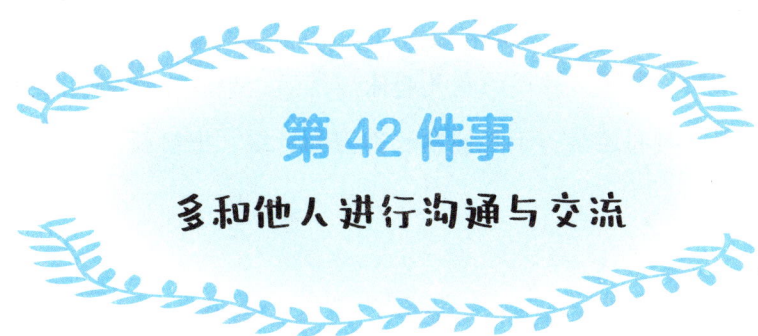

第42件事
多和他人进行沟通与交流

> 每一个人都需要有人和他开诚布公地谈心。一个人尽管可以十分英勇,但他也可能十分孤独。
>
> ——欧内斯特·海明威(美国作家)

生活中的许多误会和冲突,说到底其实都是因为人们沟通不当而导致的。多和他人进行沟通与交流,能够帮助我们避免许多麻烦,消除许多误会。

有一位教授,受邀参加一个含金量很高的演讲会,全家人都很激动,特意为他定制了一套名贵的西服。因为是定制款,衣服的制作花费了几天时间,一直到演讲会头一天才完成。

晚饭过后,在妻子的催促下,教授试了试西服,发现除了裤腿长了之外,其他都很合适。教授觉得影响不大,所以并没有放在心上,况且第二天就是演讲会了,也没时间再把裤子送去改。

晚上,教授早早就入睡了。妻子忙完手边的事情,想了想,反正自己也会做针线活,于是就顺手帮教授把裤子改短了。

夜里,教授的母亲本来都已经睡下了,但是心里却一直挂念着儿子裤子的问题,想着这么重要的场合,不合身的裤子可能会影响到儿子的发挥。于是，母亲忍着困顿起身，帮教授把裤腿改短了，然后才安心地睡下。

第二天一大早，教授的女儿起床晨练后，想起昨夜父亲的裤子有些长，眼看时间还早，于是便拿起剪刀和针线，把裤腿又改短了两公分，结果……

懂事男孩的成长笔记

美国著名人际关系学大师戴尔·卡耐基曾经说过："如果你是对的，就要试着温和地、有技巧地让对方同意你；如果你错了，就要迅速而热诚地承认。这要比为自己争辩有效和有趣得多。"

很多时候，人与人之间的误会与矛盾，都是因为缺乏沟通而引起的。两个人之间，无论关系有多么亲密，都不可能在毫无沟通的情况下，就明白对方的想法，就像这位教授的妻子、母亲和女儿，她们的本意都是为了能够让教授穿上更合身的西服去参加演讲会，结果却因为缺乏沟通而把事情搞砸了。

可见，很多时候，在做事情之前，多与他人进行沟通和交流，是能够避免很多麻烦与失误的。尤其是在一个团队中，沟通与交流更是必不可少的事情。沟通是团队合作的核心，如果一个团队无法有效沟通，那么这个团队可能将无法完成任务并实现目标。

Part 6 团结是世间最强大的力量

以前的我

我心里有些想法，但我觉得，不需要说出来，别人也一定会懂的。

现在的我

为了让别人理解我的想法，我会多花一些时间去和他们沟通、交流。在这个过程中，我们的思想碰撞出了灵感的火花，一定能把事情做得更好。

✌ 我是有出息的男子汉！

我常常因为父母不能理解我而感到难过，也常常因为老师误会我而感到愤怒，而当我学会调整情绪，尝试将自己内心的想法说出来，与他们建立更多的沟通与交流后，我才发现，原来一切的不理解和误会，都是可以通过这种方式来消弭的。

我是有出息的男子汉！从今天起，我会努力放下内心的小别扭，开诚布公地面对父母、师长、朋友，将内心的想法和感受大声说出来。

Part 7
感恩是最珍贵的美德

> 没有感恩就没有真正的美德。
> ——让-雅克·卢梭（法国启蒙思想家、哲学家）

以前的我	现在的我

哥哥把他的奥特曼玩具给了我，我很开心，我比他小，他早就该给我玩了。	哥哥把他最心爱的奥特曼玩具送给我了，他是因为爱护我才这样做的。我从心底感谢哥哥，以后我也要把我的玩具拿出来和哥哥分享。

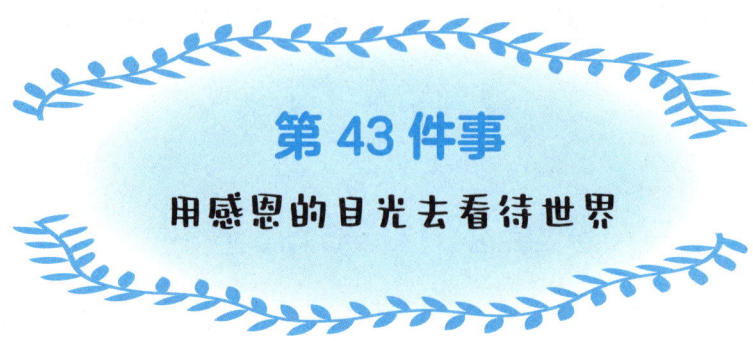

第43件事
用感恩的目光去看待世界

当我们爱别人的时候,生活是美好、快乐的。

——列夫·尼古拉耶维奇·托尔斯泰(俄国作家)

当我们学会用感恩的目光去看世界时,就会发现,世界也会将善意回馈我们。

有一个名叫史蒂文斯的男人失业了,这对于他的家庭来说,简直是太糟糕了,要知道,他的第三个儿子才刚刚出生,正是需要用钱的时候。可有什么办法呢?作为一名程序员,他恰好赶上了软件业的"战国时代",每一天都有新的公司加入"战场",每一天都有老的公司在"战争"中消亡。

没有时间去怨天尤人,他开始马不停蹄地找新工作。很快他就注意到了一家正在招聘程序员的软件公司,公司的待遇非常不错,史蒂文斯非常激动,满怀希望地赶去那家公司应聘。

笔试通过得非常顺利,但在面试环节,史蒂文斯却遭遇了"滑铁卢",当面试官询问他对软件业未来发展走向的看法时,他完全傻了,这是一个他从未思考过的问题,自然也没能给出什么好的答案。最后,面试自然是毫不意外地失败了。

这一次的应聘经历虽然没能让史蒂文斯获得一份新工作,但他认为,这次经历确实让他获益良多。于是,他决定给这家公司写一封信,表达自己的感谢。

收到这封信后,该公司的人都觉得很不可思议,一个应聘失败的人,不仅对公司毫无怨言,还满怀真挚地写了一封感谢信。或许是因为这封信实在太特别了,它很快就被呈递到了总裁的桌上。总裁看过这封信后并没有说什么,但却对这个特别的应聘者留下了深刻的印象。

不久后,该公司招聘的一个员工因为一些事情离职了,面对这个突然空缺下来的职位,很多人第一时间都想到了史蒂文斯,毕竟他是第一个,也是目前为止唯一一个在应聘失败后,还会给公司写感谢信的人。

于是,在新年来临之际,史蒂文斯收到了一张贺卡,以及一份让人惊讶的工作邀请。就这样,因为一颗感恩的心,史蒂文斯意外地获得了一份工作,也就此迎来了命运的转折点。

他所加入的那家公司,就是在软件业"战国时代"登顶称霸的大赢家美国微软。而十几年后,凭借出色的业绩,他成为了微软的副总裁。而这一切,都是从这封诚挚的感谢信开始的。

懂事男孩的成长笔记

当你用感恩的目光去看世界时,你会发现生活其实并没有那么坏。当你付出善意去与人打交道时,对方也会回应给你相应的善意。就像史蒂文斯的面试,正常来说,一场失败的面试,对于面试者而言,必然不会是什么令人愉悦的经历。但史蒂文斯却懂得用感恩的心态去面对这次经历,不吝表达自己的感激之情,正是这种豁达的心态打动了总裁,也为他赢得了一个改变命运的机会。

懂事的男孩有出息
优秀男孩的性格密码（漫画版）

　　心怀感恩，世界也会回馈你以温柔。学会从另一种视角去看待世界，你会发现，生活其实并没有那么糟糕。

以前的我　　　　　　　　现在的我

我觉得这个世界太不公平了，周围的人对我都不够友好，这让我感到很难过。

当我学会用感恩的目光去看世界时，才发现原来一切都这样美好，生活虽然没有让我事事如意，但我也能从中发现许多的善意和惊喜。

✌ 我是有出息的男子汉！

　　一开始，在面对老师和父母的批评时，我总是会陷入负面情绪之中。后来，我开始学会反省自己，也渐渐从这些批评的声音中体会到浓浓的关爱和善意。虽然被批评仍旧不是什么让人高兴的事，但换一种心态去面对，让我有了更大的收获。

我是有出息的男子汉！从今天起，心怀感恩，不忽视每一种善意，生活其实真的很美好。

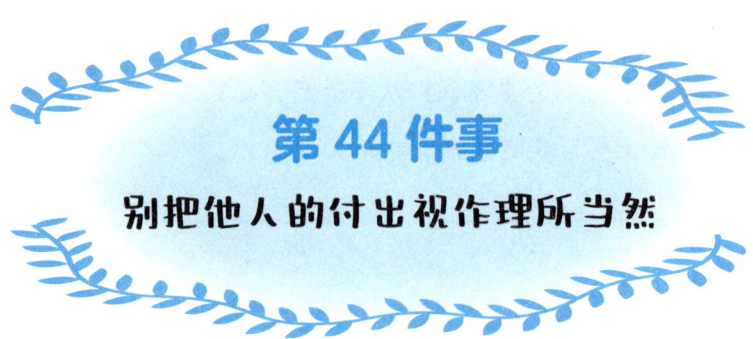

第44件事
别把他人的付出视作理所当然

人家帮我，永志不忘；我帮人家，莫记心上。

——华罗庚（中国数学家）

善行可以不求回报，但接受到别人的善意，得到别人帮助的人，却不应将对方的付出视作理所当然。

有一年，城里闹饥荒，许多穷苦人的生活都变得更为艰难，几乎到了食不果腹的地步。城里有一位面包师，家境比较殷实，为人也十分善良，看到许多人因缺少食物而挣扎在死亡线上，便动了恻隐之心。

这天，面包师把卖剩的面包装到一个大篮子里，并找来城里最穷苦的几十个孩子，对他们说："这篮子里的面包，你们一人可以拿走一个。以后每天傍晚这个时候，你们都可以来这里领走一个面包，一直到好光景到来。"

饥饿的孩子们一拥而上，都想第一个抢到篮子里最大的面包，如果不是怕坏了规矩，以后不能再领到面包，恐怕场面会更混乱。

大概是因为实在太饿了，这些孩子的眼睛都只盯着面包，抢到之后不是着急忙慌地往嘴里塞，就是像守护珍宝一般抱在怀里跑回家，没有一个人想起来向这位面包师道一声谢。

就在这个时候,面包师注意到一个瘦小的女孩,大概是知道自己抢不过其他孩子,她一直安安静静地站在一边,等其他人都拿到面包了,她才小跑着过来,拿走篮子里剩下的最后一个面包,然后抬起头,怯生生地对面包师说了一句:"谢谢您。"

之后,面包师果然像他所承诺的一般,每天傍晚都会带着面包来分发给这些孩子,而这些孩子也仍然和第一天一样,一拥而上地疯抢着,除了那个瘦弱的小女孩,没有人记得对面包师道一声谢。她还是最后一个拿到面包,带着感激的笑容对面包师说声"谢谢"。

直到这一天,还是领到一块小面包的女孩回到家,和妈妈一起切开面包后,竟发现里头有许多亮闪闪的银币。小女孩的妈妈惊讶地说道:"天哪,怎么这么多钱?一定是那位面包师在揉面时不小心掉落进去的,你得赶快回去把钱送给这位好心人!"

然而,当小女孩带着钱去送还给面包师时,面包师却笑着说道:"孩子,这就是给你的礼物,奖励你拥有一颗感恩的心,这颗心璀璨如宝石。"

懂事男孩的成长笔记

善良的人行善固然不求回报,但作为接受善意的一方,不应该把别人的付出当作是理所当然的。要知道,在这个世界上,没有任何人有责任和义务来承担你的不幸,除非是他或他们造成了你的不幸。

就像故事中的面包师,他接济穷人,是源于自己的心善,而他付出这样的善意,也并不指望要获得别人的回馈。但不得不说,当有一个人在接收到他的善意之后,回馈以珍而重之的谢意,这样的回应也确实带给了行善者莫大的满足和感动,这也就是为什么面包师会因为小女孩的一句"谢谢"就愿意给她更多的帮助。

以前的我	现在的我

这是他们非要给我的，又不是我找他们要的，所以为什么要感谢他们呢？	我很高兴小伙伴们能将自己喜欢的东西分享给我，接收到这份善意之后，我诚挚地向他们表示了感谢，我们都感到很开心。

✌ 我是有出息的男子汉！

我曾经因为怜悯流浪的小猫而用食物去喂养它们，做这件事的时候，我并没有想过要从它们身上获取什么报酬。而当它们因为我的喂养而渐渐与我亲近时，我的心灵也由此获得了极大的满足感，正是这种满足感，促使我一直坚持我的善行。因为这样，我明白了一个道理：善良与感恩是最好的朋友，当它们携手同行时，世界才会变得越来越美好。

我是有出息的男子汉！我不会再把别人的善行看作是理所当然的付出，对于别人的善意与帮助，我会致以最诚挚的谢意，用一颗感恩的心和行动来面对世界，面对身边的人。

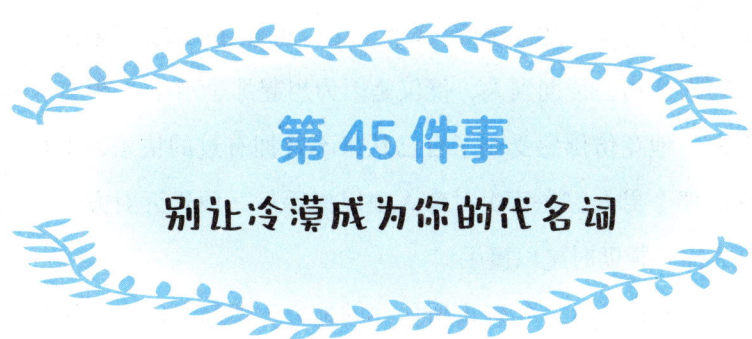

第45件事
别让冷漠成为你的代名词

冷漠无情，就是灵魂的瘫痪，就是过早的死亡。

——安东尼·巴甫洛维奇·契诃夫（俄国作家）

爱是可以传递的，冷漠和麻木同样也是如此。

有一个年轻人，从小生活在富足的家庭，接受精英式的教育，但他却一直都不快乐，就连他自己也不知道该如何寻找快乐。

对年轻人来说，这个世界是冰冷残酷的，人与人之间只有利益和算计。从小到大，在自己的家族里，他早已看过太多争权夺利的事情，就连父母对他的教导，也都是"各人自扫门前雪"。

一次，在一个风雪交加的夜晚，年轻人在出差回程的途中，因为汽车抛锚被困在郊外，正不知道该如何是好时，一个男人骑着马经过。年轻人正盘算着自己要如何开口向男人寻求帮助时，男人已经主动上前询问状况，并二话不说就帮他把车拉到了镇上。

为了酬谢男人，年轻人决定支付一大笔美钞给他，但没想到，男人却拒绝了，并对年轻人说道："这不需要回报，如果你真的想要感谢我，那么就请在下一次遇到需要帮助的人时，尽力去帮助他。这也是我曾对别人承诺过的。"

这件事让年轻人感到很新奇！在之后的日子里，每当遇到别人需要帮助的时候，年轻人总会想起这个承诺，也顺手帮助过很多人。一开始，年轻人主动去帮助别人，仅仅是因为想起那个承诺。但在收到别人的感激时，他竟仿佛感受到了自己从来不曾拥有过的快乐，于是，他也开始学着那个男人，在每次对旁人施以援手后，便告诉对方，希望他也能在别人需要帮助时施以援手。

许多年后的一天，年轻人所居住的地方突然暴发洪水，他被困在了一棵树上。这时，一个素不相识的少年冒着被洪流吞噬的危险救了他。他对少年感激万分，令他意外的是，他竟从少年口中听到了那句他说过许多次的话："这不需要回报，如果你真的要感谢我，那么就请在下一次遇到需要帮助的人时，尽力去帮助他吧！"

懂事男孩的成长笔记

无论是爱还是冷漠，都是可以相互传递、相互影响的。就如故事中的年轻人，当他生活在充满冷漠的环境中时，他自己也会相应地受到影响，从而对外界的一切都漠不关心。而当有人向他释放善意之后，他也会因此而受到感染，从而学会向别人释放善意。而当这种善意逐渐传播开来，就能驱散人世间许多的冷漠。就像那首歌唱的："只要人人都献出一点爱，世界将变成美好的人间。"

努力去爱这个世界吧，别让冷漠成为你的代名词。人生在世，除了利益之外，还有许多东西比利益更重要，比如道德，比如爱。

以前的我	现在的我

别人的事情与我无关，我的事情也和别人无关。总之，我只需要自己一个人待着就够了。	在有能力的情况下，我会主动去帮助那些需要帮助的人。如果人人都能将这份善意传递出去，那么这个世界一定会变得更加美好。

✌ 我是有出息的男子汉！

为了避免麻烦，我总是牢记着，不要多管闲事。但如果有一天，发生"闲事"的人是我，而周围的人也都抱着和我一样的想法，不愿意"多管闲事"，我又该如何是好呢？经过这样的换位思考之后，我发现，被冷漠笼罩的世界是非常可怕的，而我也并不喜欢那样的世界。

我是有出息的男子汉！我不能让冷漠成为我的代名词，更不能成为传播冷漠的其中一环。我会努力去帮助那些我能够帮助的人，当然，我也会理智权衡，以保护好自己为前提。

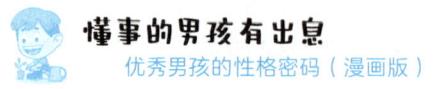

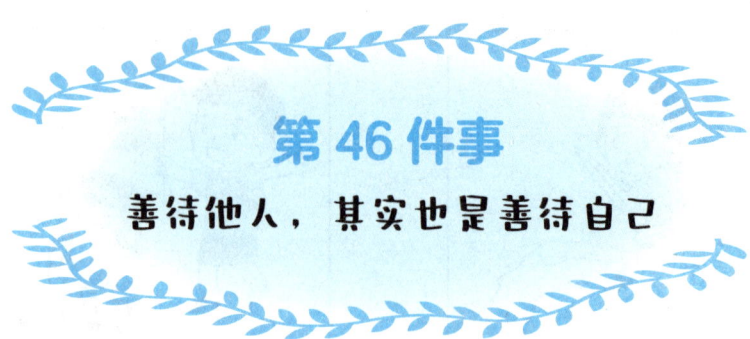

第46件事
善待他人,其实也是善待自己

老吾老,以及人之老;幼吾幼,以及人之幼。天下可运于掌。

——孟子(战国时期思想家、政治家、教育家)

命运就像一面镜子,很多时候,你付出的是善意,那么命运回馈给你的就是善意;而若你付出的是恶意,那么命运同样会回馈你恶意。因此,学会善待他人,其实也是在善待自己。

赵宣子是春秋时期晋国的一位权臣。有一次,赵宣子在路过一个地方时,看到一个骨瘦如柴的人卧倒在一棵桑树下,饿得奄奄一息,仿佛随时都会死去。赵宣子见那人可怜,便给了他一些食物,那人非常感激,对着赵宣子拜了又拜,却一直没动手里的食物。

赵宣子觉得非常奇怪,就问那人说:"你都饿成这样了,怎么还不赶快将食物吃下呢?"

那人回答说:"我家中的母亲还在忍饥挨饿,我想将这些食物带回去给她吃。"

听了这人的话,赵宣子对他更是高看一眼,便又给了他更多的食物以及一些钱,希望能够帮助他渡过难关。

对于这件事,赵宣子并没有放在心上,也没有指望过能从中得到什么报偿，这个快饿死的人于他而言，也不过就是漫长人生中一个擦肩而过的陌生人罢了。

两年后，一直忌惮赵宣子势力的晋灵公派出刺客追杀赵宣子，但令人没想到的是，率先找到赵宣子的一名刺客却惊喜地看着他说道："原来是先生您啊！"

赵宣子有些奇怪地问刺客："你认识我？"

刺客说道："先生，我就是当年那个差点儿饿死在桑树下的人啊！当初您救了我，如今您陷入危险的境地，就让我来替您受死吧！"

说完，刺客握紧手中的剑，回身和追过来的其他刺客缠斗在一起，让赵宣子得到了脱身的机会。

懂事男孩的成长笔记

当赵宣子对桑树下的人施以援手时，并不曾想到，在将来的某一天，这一随手为之的善行会成为自己脱离险境的契机。但他在面对一个需要帮助的陌生人时，还是选择了付出自己的善意。也正是这份善意，在他的命运中埋下一颗希望的种子，并在他深陷绝境时，为他开出了一朵希望之花。

命运是非常奇妙的，很多时候，你付出的善意总会以一种你所意想不到的方式回馈你。而若是你冷漠走开，甚至恶意相待，那么终有一天，这一切也同样都会以其他的方式，回馈到你的身上。

以前的我	现在的我

对于那些想占我便宜的人，我总是提高警惕，绝对不让他们从我手里拿走一分一毫的好处。	我愿意友好地对待每一个人，并且将我喜欢的东西分享出去，而别人同样也愿意这样对待我，这可真是太好了！

✌ 我是有出息的男子汉！

与人相处其实就像照镜子一样，你展露出的是微笑，那么收获的自然也是微笑；但若你展露出的是恶意，那么对方回馈给你的，同样也只会是恶意。

我是有出息的男子汉！所以，从这一刻开始，我愿意用善意去对待每一个人，我相信，在我善待他人的时候，也同样能从他人身上收到善意的反馈，这才是最重要的事情。

Part 7 感恩是最珍贵的美德

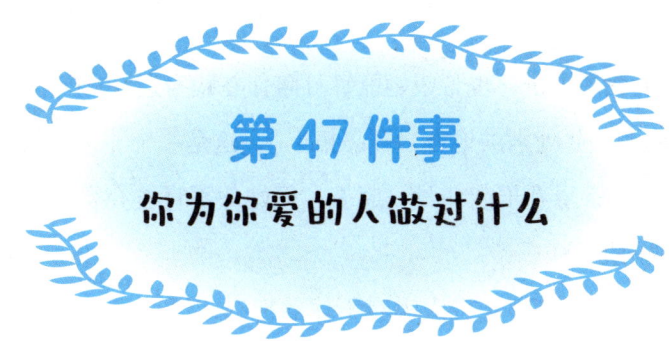

第47件事
你为你爱的人做过什么

> 一个人的价值，应当看他贡献了什么，而不应当看他取得了什么。
> ——阿尔伯特·爱因斯坦（美国物理学家）

我们常常抱怨父母、朋友为我们做得不够多，却总是容易忘记反省一下自己又为他们做过什么。

有一个年轻人，他觉得日子过得很不如意。他听说天山上住着一位智者，能够为人指点迷津，于是便历尽千辛万苦找到智者，想要向他倾诉一下自己心中的苦闷。

智者问年轻人："你现在家庭美满，工作顺利，究竟还有什么不满意的呢？"

年轻人叹了口气，悲伤地说道："我觉得非常伤心，也非常失望，这个世界对我太不公平了。我的出身很一般，父母都是普通人，不能像其他富裕的家庭一样，让我生活无忧。我曾有过几次升迁的机会，但后来，都被有背景的同事截胡了。如果我的父母能像他们的父母一样，为我提供一些支持与帮助，那我的生活一定不会这样坎坷……

"我有一个朋友，我们认识已经二十多年了，我一直将他当作我生命中的挚友，也一直非常信任他。然而，就在前不久，他们公司

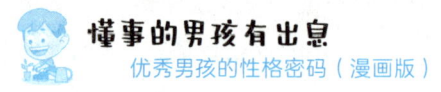

有一个大项目,明明知道我也在争取,但他最后却将那个项目给了别人……

"我很爱我的妻子,也希望她能日日陪伴在我身边。前不久,我接受了公司的调派,要到别的地方'开疆拓土',这是一个非常好的机会,我无法拒绝。我希望妻子能和我一起去,但她却不肯放弃自己的工作,如今我们分隔两地……"

智者突然出声打断年轻人喋喋不休的抱怨,说道:"我一直在听你说别人如何让你失望,那么,你能告诉我,你又为他们做过什么,付出过什么吗?"

听到这个问题,年轻人愣住了,张了张嘴想要说什么,却又久久都没说出话来。

得到和付出都应该是双向的,当我们觉得自己得到的不够多时,也应该想想,我们所付出的又够不够多。在这个世界上,没有任何人有义务为你奉献一切,哪怕这个人是你的父母或你的子女。

在生活中,很多人其实都和故事中的年轻人一样,总是习惯于去计较别人为自己付出过什么,却从来不反省一下,自己又为所爱的人做过什么。殊不知,许多亲密的关系,最终都是毁于索取与付出的不平等。

Part 7 感恩是最珍贵的美德

以前的我	现在的我

我每天都在计算我身边的人都为我做了什么，可不管他们怎么做，我都不满意，他们明明能够为我做更多事情。	我时常反省，自己是否为所爱的人做过什么，而相比他们为我做的，我为他们做的事情实在是太少了。

我是有出息的男子汉！

我曾因父母忙于工作而忽略我心存怨愤，也曾因朋友选择和别人搭档而愤怒不已，甚至总感觉周围的人对我都不够友好。我总在不满足中充满抱怨，却下意识忽略了别人为我做过的事情和释放的善意。

我是有出息的男子汉！从此刻起，我会时时谨记，时时反省自己为别人做过什么，而不是再充满怨恨地认为自己必须得到什么。

Part 8
习惯决定命运，细节缔造成功

> 起先是我们造成习惯，后来是习惯造成我们。
> ——奥斯卡·王尔德（英国小说家、剧作家、诗人）

以前的我　　　　　　　现在的我

今天太累了，我不想刷牙了，一天不刷牙应该没事的……长此以往，我开始牙疼。

我开始听牙医的话，认真地践行早晚刷牙的好习惯。

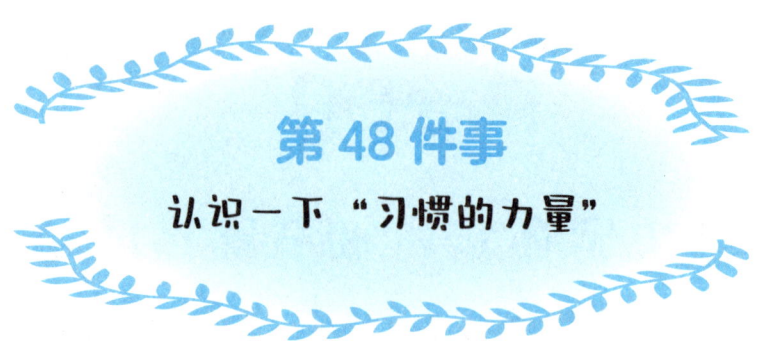

第48件事
认识一下"习惯的力量"

习惯形成性格,性格决定命运。

——约翰·梅纳德·凯恩斯(英国经济学家)

习惯一旦养成,就会很容易形成一种本能,甚至不需要通过理智进行思考,就已经自然而然地发挥作用了。所以,永远不要小看微不足道的小事或行为,它们一旦形成习惯,就会很容易发生作用。

亚历山大帝王图书馆发生了一场严重的火灾,许多珍贵的馆藏图书都在这场火灾中被燃烧殆尽。只有一本非常普通的图书留存下来,并被人在清理废墟时当作废品卖了,最后它辗转到一个年轻人手中。

年轻人认识几个字,原本买下这本书是为了拿回家垫桌脚,但在随意翻看时,竟在书中发现了一张薄薄的羊皮纸。羊皮纸上记录了一种神奇的石头,叫作"点铁成金石"。顾名思义,这种石头能够将普通的金属变成金子。据记载,这种"点铁成金石"通常会出现在黑海岸边,外表和其他圆形的黑色石头没什么两样,唯一不同的是,这种石头握在手里是温热的。

年轻人非常兴奋,立刻将自己所有的家产变卖了,换作路费前往黑海，去寻找这种神奇的石头。年轻人发现海岸上圆形的黑石头实在太多了。如果自己每次把摸过的石头随手丢下，那么很可能会重复捡起摸过的石头。为了避免浪费时间，年轻人便把摸过的石头远远抛进海里。

就这样，他一直在海边捡石头，然后扔进海里，日复一日地重复着这个动作。一年、两年、三年……他坚持不懈地寻找着传说中的神石。

终于，在他捡起不知第多少块石头时，他的掌心感受到了一抹温热。然而，还没等他反应过来，他已经条件反射地扬起手，将这块石头也远远抛进了海里……

懂事男孩的成长笔记

习惯的可怕之处就在于，它总是能优先于思想和理智作出反应。就像故事中捡石头的年轻人，千百次将石头丢到海里的动作，已经形成了一种习惯，一种身体上自然而然的条件反射。于是，在历经千辛万苦，终于将寻找已久的神奇石头握在手里时，他的身体甚至在思维启动之前就已经做出了习惯性的动作，将石头丢入海里。

这就是习惯的力量，所以，不要小看任何一个小习惯，它很可能会在你毫无防备的时候给予你"致命一击"。

懂事的男孩有出息
优秀男孩的性格密码（漫画版）

以前的我   **现在的我**

那些生活中的小习惯或许确实不太好，已经束缚了我的行动，但我觉得它们都是无关紧要的，没必要太过较真。

我开始认真注意自己的一言一行，及时改掉那些不好的毛病，以免它们成为可怕的坏习惯。

✌ 我是有出息的男子汉！

习惯的可怕之处就在于，它总是在你注意到它之前，就已经完成了它的"表演"。就像从前，我以为很多不好的习惯都是些微不足道的事情，我只要在别人面前约束好自己的行为就行了。但事实上，很多时候，那些下意识的举动，总是在我自己甚至还没意识到的时候，就已经赤裸裸地展现在了别人面前。

我是有出息的男子汉！从此刻起，我会重视习惯的力量，不再抱有侥幸心理，无论人前还是人后，都约束好自己的行为，将坏习惯扼杀在萌芽阶段。

Part 9 习惯决定命运，细节缔造成功

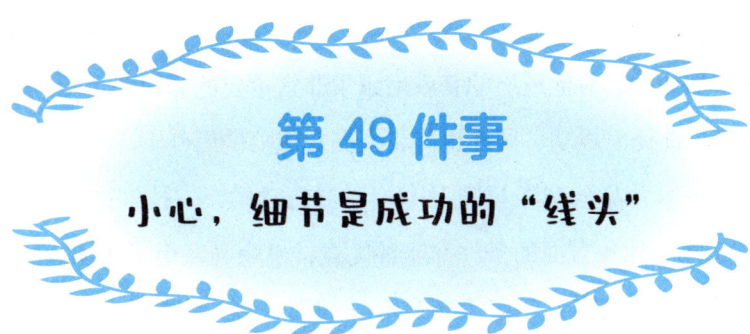

第49件事
小心，细节是成功的"线头"

天下难事，必作于易；天下大事，必作于细。

——老子（春秋时期思想家、道家创始人）

有这样一首小诗：丧失一颗钉子，坏了一只铁蹄；坏了一只铁蹄，折了一匹战马；折了一匹战马，伤了一位骑士；伤了一位骑士，输了一场战役；输了一场战役，亡了一个国度。

很多时候，看似不起眼的细节就如同"线头"一般，成也在此，败也在此。

20世纪60年代的时候，苏联成功发射第一艘载人宇宙飞船，当时驾驶这艘宇宙飞船飞向太空的宇航员名叫加加林，他是人类历史上第一个进入太空的宇航员。但很多人可能不知道，当初在甄选宇航员的时候，其实还发生过一个小插曲。

当时，通过重重考验，符合条件的宇航员其实有几十人，官方需要从中选出最合适的人选。在做出最终决策之前，这些宇航员被带去参观了他们即将要乘坐的宇宙飞船。在进舱门的时候，其他人都是直接走进去的，只有加加林把鞋子脱了。因为他觉得，这个舱实在太贵重了，应该好好爱护，怎么能穿着鞋子进去呢？

加加林的这一举动引起了主设计师的注意，他觉得，如果能将飞船交给一个这样爱惜它的驾驶员，那么他会更加放心。于是，主设计师向官方推荐了加加林，为他最终的获胜增添了非常重要的筹码。

细节能促使人成功，同样也能将人挡在成功的门外。

日本一家食品公司在招聘卫生检测员的时候，一位气度不凡的年轻人前来应聘。他各方面的条件都非常优秀，也顺利赢得了面试官的好感。然而，就在面试结束，年轻人转身离开的那一刻，大概是因为鼻子有些痒，他下意识地用手抠了一下。结果，就是这个下意识的动作，让他与这份工作失之交臂。

有人问过面试官，为什么会因为这样一件小事而拒绝一位各方面条件都十分优秀的年轻人，面试官只说了一句话："一个连良好的卫生习惯都不具备的人，怎么可能会成为一名优秀的卫生检测员呢？"

懂事男孩的成长笔记

千里之堤，溃于蚁穴。很多时候，许多看似大的失败，其实都是从微小的细节开始的，正如很多看似大的成功，关键都落在微不足道的小事上一样。

加加林脱下一双鞋，看似只是微不足道的小事，却因此赢得了主设计师的青睐；年轻人抠了抠鼻子，看似不过一个不经意的细节，却就此造成了面试的失败。瞧，细节就如同"线头"一般，线头收得好，成功便牢不可破；一旦线头被勾住，那么就可能瞬间与成功失之交臂。

Part 9 习惯决定命运，细节缔造成功

以前的我

我从不注意无关紧要的小事，那就是在浪费我的时间，我只需要关注一下大的问题就行了。

现在的我

只有把每一个细微之处都兼顾好，才不会在关键的时刻出纰漏。总而言之，细心一点一定不会错的。

✌ 我是有出息的男子汉！

以前，妈妈叮嘱我做完作业后要把文具收拾好，我从来没有放在心上，在我看来，这不过只是一个无关紧要的小细节。直到有一次我因为忘记带上橡皮擦而在考场上不知所措，这时我才终于明白，那些看似微小的细节，其实并不像我想的那么微不足道。

我是有出息的男子汉！从现在起，重视每一个细节，不再让自己因为一时的马虎而与成功失之交臂。

第50件事
改变自己，还是改变世界

重要的不是环境，而是对环境作出的反应。

——鲍勃·康克林（美国作家）

有改变世界的决心固然令人敬佩，但在不具备这样的能力之前，不妨试着改变自己。

有一只公鸡清晨报晓，结果天才刚亮，就被主人杀了。

没过几天，主人又买了一只新的公鸡回来。结果，第二天一早，这只公鸡报完晓，又被主人杀了。

没几天，主人又买回来第三只公鸡……

住在隔壁的邻居看这家主人总是买公鸡、杀公鸡，觉得非常奇怪，就算喜欢吃鸡肉，也犯不着总是盯着公鸡呀！

这天，看到那家主人又在杀鸡，邻居终于按捺不住自己的好奇心，走上前问道："你为啥老是在杀公鸡啊？公鸡比较好吃吗？"

主人看了邻居一眼，满脸不高兴地说道："我早晨一直有晚起的习惯，可这些公鸡不听话，总是一大早就叫，烦人得很。"

邻居惊讶极了，说道："可是清晨报晓，这是公鸡的天职，谁也改变不了呀！你要是嫌它们吵，那就不要养公鸡不就行了！"

主人却说："可我需要公鸡来和母鸡交配，这样鸡蛋才能孵出小鸡。"

邻居无奈地说道："但报晓是公鸡的天性，是人为改变不了的事情呀，你就不能想想其他的方法吗？"

主人说道："我想过把公鸡的嘴扎上，或者弄坏它们的嗓子，但这都太麻烦了。"

邻居沉默许久问道："那你就不能改变一下晚起的习惯吗？这样不是更方便？"

结果主人却生气地说道："什么？改变我的习惯？我都保持这样的习惯几十年了，凭什么要为了一只鸡而改变呢？况且，我才是主人，它们就该听我的，乖乖闭嘴！"

之后，这家主人依然和从前一样，不停地买公鸡，然后再杀掉，直到耗尽了钱财，他才终于放弃了养公鸡。

生活不会一切都尽如人意，当面对我们无法改变的事情时，你会选择改变自己还是改变世界呢？

当然，敢于去改变世界的人，都是值得钦佩的，但很多时候，如果只需要作出一点点让步，就能让问题得到解决，那么又为什么要让自己付出更多无谓的牺牲呢？就像故事中的杀鸡人，明明只需要一点点的妥协和让步，就能解决所有矛盾，但他却非要做无谓的坚持。最终，他既改变不了鸡的习性，也无法再承担巨额的花费，自然只能惨淡收场。

以前的我   **现在的我**

作为顶天立地的男子汉，怎么能随随便便弯腰呢？当然是要让别人来迁就我啦！

在我还没有足够强大的力量去改变世界之前，我想我可以先适应它，让自己有机会可以变得强大起来。

我是有出息的男子汉！

以前，妈妈叮嘱我做完作业后要把文具收拾好，我从来没有放在心上，在我看来，这不过只是一个无关紧要的小细节。直到有一次我因为忘记收好橡皮擦而在考场上不知所措，这时我才终于明白，那些看似微小的细节，其实并不像我想的那么微不足道。

我是有出息的男子汉！从现在起，重视每一个细节，不再让自己因为一时的马虎而把成功的"线头"扯出来。

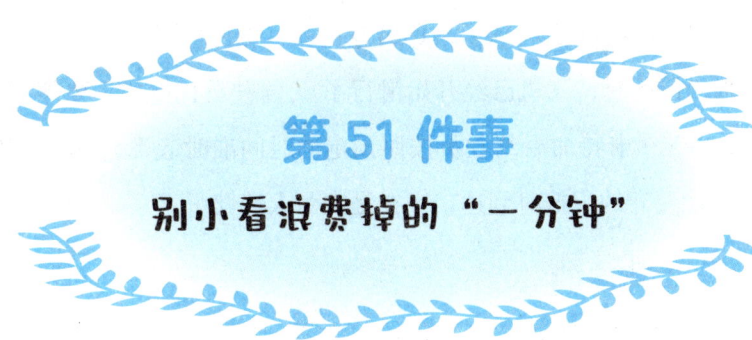

第51件事
别小看浪费掉的"一分钟"

完成工作的方法是爱惜每一分钟。

——查理·罗伯特·达尔文（英国博物学家、进化论奠基人）

做事磨蹭的人总是觉得，不过就是浪费几分钟而已，几分钟能干什么呢？殊不知，当磨蹭拖沓、浪费时间成为一种习惯之后，将会影响你的一生。

2003年，武汉某高校研究生考点：一个考生因为迟到，超过了规定的入场时间而失去参加考试的资格，被保安拦在门外。这名考生表现得十分崩溃，大哭着诉说自己为了这次考试付出了多少。

考生说，为了备考，他主动辞掉了工作，放弃了很多机会，牺牲了许多的东西，可现在，就因为迟到，他连参加考试的资格都失去了……

而每一年，在每一个考场外，几乎都能看到这样的事情。奇怪的是，既然是如此重要的事情，为什么总有这么多人会迟到呢？

珍惜时间是种习惯，如果你总是不在乎浪费掉的"一分钟"，那么你将会错失越来越多的"一分钟"。

美国前总统吉米·卡特在担任州长的时候，有一次因为公务需要和一名佐治亚州的专员同机外出。为了不耽搁时间，吉米·卡特早早就坐

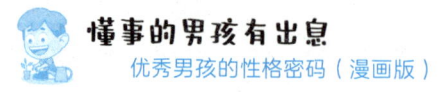

上了飞机,而那名专员却迟迟未到。

眼看起飞的时间已经到了,那名专员才气喘吁吁地从机场的跑道上飞奔而来,但此时,飞机已经开始滑行了。驾驶员犹豫要不要停下来等待他时,吉米·卡特命令驾驶员按照预定的时间准时起飞。他严厉地说道:"他未能遵守约定按时到达,实在是太令人遗憾了。"

生活中的很多意外和失误,实际上都是可以避免的。很多时候,人们之所以会出现这样的意外与失误,说到底还是自身的行为习惯存在问题。就像考试迟到的考生,赶飞机迟到的专员,他们只需要都提早一些,让自己更有时间观念一些,就完全能够避免这样的意外和失误。

法国作家罗曼·罗兰说过:"即使一动不动,时间也在替我们移动。而日子的消逝,就是带走我们希望保留的幻想。"珍惜时间就是尊重我们的生命。

时间是我们的财富,若果你不在意它,且挥霍无度,那么你的青春就会在闲散中度过。

所以,不要小看你浪费掉的"一分钟",如果你不能学会重视这"一分钟",那么以后你将会浪费掉更多的"一分钟"。尤其是当这种浪费成为一种习惯之后,你会发现,自己的一生都将被这样的坏习惯所影响。

以前的我　　　　　　　　现在的我

虽然已经快到约定的时间了，但也不用太着急，不就是迟到几分钟嘛，那都是小事情！

一寸光阴一寸金，哪怕只是迟到一分钟，也是"谋财害命"！

我是有出息的男子汉！

当我第一次因为上课迟到一分钟被老师批评时，我感到很不服气，不过只是一分钟而已，教室里甚至连"起立"都还没喊完，至于这么小题大做吗？后来，当我无数次因为各种原因迟到时，我才意识到，在不知不觉中，迟到似乎已经成为了我的坏习惯。

我是有出息的男子汉！从今天起，我将重视每一个"一分钟"，培养正确的时间观念，不再把迟到看作一件小事。我已经明白，"迟到"的关键不在于迟到了几分钟，而是在于这种行为背后所反映出来的一种坏习惯。

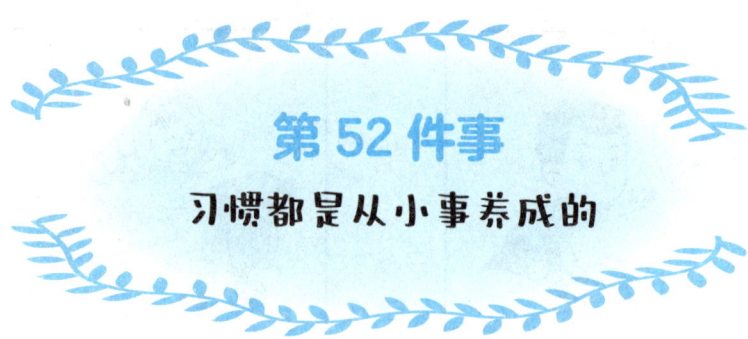

第52件事
习惯都是从小事养成的

凡人之性成于习。

——王廷相（明代思想家、文学家）

习惯都是从小事养成的，今天你认为落下一块橡皮擦是小事，明天你就可能落下重要的机密文件；今天你认为粗心算错一道题是小事，明天你就可能因为粗心而造成成百上千的损失。

1988年，联合国组织来自全世界涵盖各领域的75位诺贝尔奖获得者一起到巴黎开会，共同探讨人类的命运和世界的未来。

当时，很多媒体记者都齐聚巴黎，来采访这些来自各行各业的顶尖专家。有个记者在采访其中一名诺贝尔奖获得者时问了这样一个问题："您认为，您之所以能够取得今天的成就，是哪一个阶段，或者说是在哪一所学校学习到的东西最重要呢？"

当时，这位诺贝尔奖获得者给出了一个令人意想不到的答案，他说："是在幼儿园。"

听到这话，记者笑了，以为他是在开玩笑，不由得问道："幼儿园？您在幼儿园能学到什么呀？"

结果，这位诺贝尔奖获得者认真地说道："我学到了很多，比如应该把自己的东西分一半给你的小伙伴们；不要随便拿不属于自己的东西；要将所有物品都摆放整齐；要注意卫生，吃饭前记得洗手；如果做错事情，一定要表示歉意，勇敢承认错误；午后要休息，这样才能保证健康和充沛的精力；细心观察，敬畏大自然。总体来说，大概就是这些东西，而它们都非常重要。"

懂事男孩的成长笔记

中国著名教育家陶行知说过："思想决定行动，行动养成习惯，习惯形成品质，品质决定命运。"养成良好的习惯非常重要，而养成良好的习惯必须从细节开始。

习惯的养成都是从生活中最细微的小事开始的，那些看似微不足道的小事情，实际上正是我们习惯养成的开始。就像这位诺贝尔奖获得者所说的，他在幼儿园所学习到的东西，看似都是一些无关紧要的生活习惯，但实际上，却直接影响到他日后方方面面的行为模式。

习惯和小伙伴分享东西，以后在工作和生活中才能懂得与人共享资源；习惯不随便拿别人的东西，以后才能约束自己的行为，尊重与他人之间的界限感；习惯注意卫生，以后才能更好地保持身体健康；习惯做错事情后道歉，以后才能成为敢作敢当的男子汉……

总而言之，一切的习惯都是从小事开始的，不要小看生活中的任何一个小习惯。

| 以前的我 | 现在的我 |

不过就是一些平平常常的小习惯而已，谁会放在心上啊？大不了以后出门的时候注意一下就行了。

我在努力规范自己的行为习惯，我知道，好的习惯必然能够让我受益一生。

✌ 我是有出息的男子汉！

年幼时，父母总是会不厌其烦地纠正我的很多小毛病，比如坐要有坐相，吃饭不许咂嘴，夹菜不能乱翻，别人的东西不许乱动……以前，我一直觉得父母吹毛求疵，明明只是些无关紧要的小事情，为什么不能睁一只眼闭一只眼？但现在，当良好的仪态成为习惯，对别人的尊重成为本能，我才终于明白，原来微小的事情真的会影响我的一生。

我是有出息的男子汉！从今天起，规范自己的一切行为习惯，重视每一件小事，让自己成为更优秀的人。

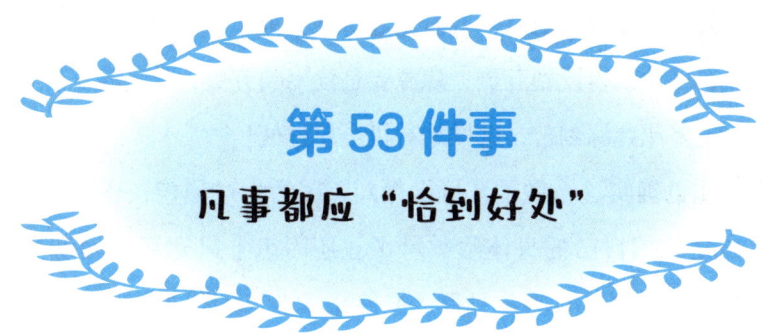

第53件事
凡事都应"恰到好处"

运动太多和太少，同样地损伤体力；饮食过多与过少，同样地损伤健康；唯有适度可以产生、增进、保持体力和健康。

——亚里士多德（古希腊哲学家）

无论做任何事情，恰到好处才是刚刚好的，学习是这样，玩乐也是这样。一旦过度，反而会让好事变成坏事，过犹不及，说的就是这个道理。

魏源是清朝时杰出的思想家、改革家、史学家、文学家、地理学家，博古通今、见识不凡。

15岁时，魏源参加县试，认识了一个名叫石昌化的人，这个石昌化年纪比他还小一岁，同样也是个非常厉害的少年天才。当时，因为两人都非常厉害，难分伯仲，被考官定了个"并列第一"。第二年，魏源和石昌化又一起参加了府试，分别荣获第一和第二名。

石昌化这人比较争强好胜，他在认识魏源以后，发现自己的学识确实要比魏源差上那么一点点，于是就想："我得想办法比他更努力，这样才能超越他啊！"

魏源是个非常勤奋刻苦的人，他的爱好就是读书，据说因为他实在太

爱读书了，天天待在书房，以致家中的仆人都很少看到他。

得知魏源这么努力之后，石昌化危机感更重了，他决定，以后魏源读书到三更，那他就得读到五更；魏源要是读书到五更，那他就干脆通宵！总之，一定要比魏源刻苦，这样才有机会超越他！

石昌化也确实这么做了，可没想到，因为太过刻苦，还没等赶超魏源，石昌化就把自己的身体给熬垮了，还因患上风寒而引发痨病。最终，因为身体原因，石昌化只得无奈终止学业，一代神童最后也只能泯然于众。

懂事男孩的成长笔记

美国科幻作家约翰·坎贝尔说过："生活是复杂的，……这才使人感到兴味无穷……我们需要一种能掌控它的复杂性的思维方式，以让我们根据生活的复杂性相应地肯定我们的目标。"

有个词叫作"过犹不及"，无论什么事情，都应该把握一个"度"，一旦超过这个"度"，那么好事也可能会变成坏事。就好比做菜，调料放得恰到好处，才能做出美味佳肴，但如果调料放得过头了，那么菜品反而会变得无法入口。

就像故事中的石昌化，原本他想努力读书的初衷是好的，但在努力的过程中，为了一时的争强好胜之心，完全不顾念自己的身体，结果导致努力过了头，损坏了健康，也失去了与魏源继续竞争的机会。

以前的我　　　　　　　　现在的我

不管做什么事情，我都会忍不住沉迷其中，学习是这样，玩乐也是这样……

无论做任何事，都要懂得适可而止，否则过犹不及。所以，现在的我正努力保持劳逸结合，将学习和玩乐"两头抓"。

✌ 我是有出息的男子汉！

　　我曾因为在假期沉迷玩游戏而伤害了自己的眼睛，从此戴上了眼镜；我也曾因为想考出好成绩而通宵学习，结果第二天在考场呼呼大睡。于是我终于明白了，做事情都应该张弛有度，恰到好处，否则可能得不偿失。

　　我是有出息的男子汉！所以，我要学会劳逸结合，无论做任何事情都不能操之过急，无论面对任何诱惑，都不能沉迷其中，过犹不及的道理，我已经深深记住了。

第54件事
让乐观成为一种惯性

乐观是希望的明灯,它指引着你从危险峡谷中步向坦途,使你得到新的生命、新的希望,支持着你的理想永不泯灭。

——查理·罗伯特·达尔文(英国博物学家、进化论奠基人)

生活也许不能时时事事如意,但我们却能让自己心中充满阳光。当乐观成为一种惯性的时候,人生还有什么坎儿是过不去的呢?

说起乐观,古希腊的大哲学家苏格拉底绝对是其中的佼佼者。

当初,苏格拉底还没结婚时,和几个朋友一起挤在一间只有七八平方米的小屋里,生活非常不方便。但即使是这样,苏格拉底依旧每天都开开心心的。于是,就有人好奇地问他:"你和那么多人挤在一个房间里住,连转个身都困难,就不觉得很难过吗?"

苏格拉底笑着说:"和志同道合的朋友在一起,随时都能分享思想、交流感情,这是多高兴的事儿啊!"

后来,朋友们相继成家,从小房子里搬了出去,只剩下苏格拉底一个人。于是,又有人问他:"现在你的朋友都走了,只有你一个人,不难过吗?"

苏格拉底依然乐呵呵地说道:"怎么会难过呢?我有那么多书,每本书都是一位老师,和这些老师居住在一起,时时都能学习新的东西,这是多么高兴的事儿啊!"

几年后,苏格拉底也成家了,搬到一栋大楼。大楼有七层,他家在一层,由于上头的住户老往下面丢垃圾、倒污水,环境非常差。于是,那人又问:"我的天哪,你住在这么差的环境里,就不感到难过吗?"

苏格拉底依旧高高兴兴地回答:"住一楼多好啊,回家不用爬楼梯,搬东西也方便,朋友来访也便利,不需要一层一层找上去。而且还能在外头的空地上养花、种菜,这是多么高兴的事儿啊!"

过了一年,因为七楼一位住户家中有偏瘫的老人,爬楼不方便,苏格拉底就把一楼的房子让给他们,自己家搬到七楼。那人赶紧又来问他:"怎么样?这回住上了七楼,感觉如何呀?"

苏格拉底赞叹道:"那好处可真的太多啦!每天上下楼梯都是很好的锻炼机会,有效促进了我的身体健康;楼上光线非常好,看书写字都方便多了;不用担心楼上有人干扰,无论白天还是黑夜都十分安静,难道还有比这更令人高兴的事儿吗?"

后来有一次,那人遇到了苏格拉底的学生柏拉图,便向他抱怨道:"你的老师是怎么回事啊?明明每次住的地方都有各种问题,却还每天都高高兴兴、乐呵呵的。"

柏拉图笑了笑说道:"一个人高兴与否,不在于环境,而在于心境。"

懂事男孩的成长笔记

当乐观成为一种惯性的时候,无论身处怎样的境地,都能从中找到乐趣。就像苏格拉底这样,无论身处怎样的环境,无论身边有多少不如人意的事情,他都能够看到事物好的一面,用乐观豁达的心境去对待

懂事的男孩有出息
优秀男孩的性格密码（漫画版）

生活。

人生不如意之事，十有八九，但即便是再不如意的事情，也会存在些许的闪光点。就像花园里的玫瑰，每一枝花都带刺，重要的是你的眼睛看向的是花，还是刺。

以前的我　　　　　　　现在的我

生活中让人不高兴的事情实在太多了，就连漂亮的花下面都长满了刺，可真是太糟糕了！

生活中让人高兴的事情可真的太多了，就算是尖锐的刺上面都能开出美丽的花，可真是太神奇了！

✌ 我是有出息的男子汉！

每个人都希望自己天天都能遇到好事，永远和坏事无缘。但很多时候，生活给予我们的，总是烦恼多于快乐。曾经的我一直都挺悲观，但当我转换心境，用乐观的态度去看待生活时，就会发现，原来即使是那些不完美的事情里，也会有让人感到快乐的东西存在。

我是有出息的男子汉！所以，无论遇到什么事情，无论处在怎样的环境中，我都会努力保持积极乐观的心态，笑对困难与挫折，让乐观成为人生的一种惯性。

Part 9
握紧命运，书写未来

> 未来将属于两种人：思想者和劳动者。实际上这两种人是一种人，因为思想也是劳动。
>
> ——维克多·雨果（法国作家）

以前的我

现在的我

我兴致勃勃地开始爬山，爬到一半我觉得有点累，想想还是不去山顶了吧，于是，我返身往回走。

我站在山顶上，欣赏最高处的风景。我感觉到了自己的渺小，也体会到了杜甫《望岳》"会当凌绝顶，一览众山小"的意境。

第55件事
将来的你，想成为什么样子

> 未来是光明而美丽的，爱它吧，向它突进，为它工作，迎接它，尽可能地使它成为现实吧！
>
> ——尼古拉·加夫里诺维奇·车尔尼雪夫斯基（俄国哲学家、作家）

当你知道自己的未来将走向什么地方，自己将成为什么样子时，你的努力与奋斗就有了明确的方向，你也就不会在迷茫中浪费时间了。

1939年冬天，在美国西部洛杉矶市郊的一间小房子里，一个名叫约翰·葛达德的十五岁少年正在埋头做家庭作业。这时候，他突然听到客厅里一位来访的客人感叹道："如果时间能让我重新回到约翰这样的年纪，那么我相信我的命运将会大不一样！"

听到这句懊恼的叹息，约翰心中不由得一阵触动，他开始思索自己的未来会是什么样子，自己会不会也有一天发出这样懊恼的叹息，后悔没有早一些去做有意义的事，平白浪费自己的一生？

有了这样的感触后，约翰郑重地翻开一个新的活页本，在第一页端端正正地写下了六个字——我的终生计划。

之后，约翰花了五个小时的时间，把自己想要做的事情全部都写了下来，一共有一百二十七项。这其中有非常容易实现的目标，也有看上去天马行空的设想，比如：探索尼罗河，登上珠穆朗玛峰，驾驶飞机，前往南极和北极，读完莎士比亚、柏拉图等十七位大师的著作，登上月球……

列出这些关于未来的计划之后，约翰并没有就此收笔，而是认真地开始为实现这些目标而制订计划，包括周计划、月计划。

拥有这份计划表后，约翰感觉自己的未来突然就清晰了起来，每天要做的事情也变得条理分明。他开始按照自己制订的计划，每周测量体重、分析食谱、锻炼身体，每当完成一项目标，便心满意足地在后面画上一个标记。

这件事约翰一直坚持了下去。他为自己制定的人生目标一共有一百二十七项，而在他六十一岁的时候，已经成功实现了其中的一百零八项。

如果前方有一个目标，一个我们需要去往的目的地，那么在前行时，我们的速度就会变快，也会下意识地规划路线，寻找抵达目标的办法。但如果前方没有目标，那么我们的速度就会变慢，在遇到岔路口时犹豫、徘徊，白白把时间浪费在路途中。

所以，如果不想虚度光阴，那么就好好花时间想一想，未来的你想要成为什么样子。就像约翰·葛达德那样，为自己做一个人生规划，以便最大限度地将时间利用起来，朝着目标快速前进。

以前的我　　　　　　　　现在的我

我不知道自己想要什么，也不清楚自己想做什么，所以干脆什么都试一试好了。

我认真思索，未来的自己应该是什么样子，自己未来想要达成哪些目标，然后将其一一罗列出来，认真地规划，现在，我前方的道路终于清晰了。

✌ 我是有出息的男子汉！

　　世界上有意思的事情实在太多了，但我并没有足够的时间和精力去一一尝试。我知道，自己需要好好想一想，将来的我应该是什么样子，将来的我应该过着怎样的生活，只有先明确这些，找到自己的目标，我才知道自己应该如何向着目的地前进。

　　我是有出息的男子汉！我要好好规划我的人生，设计我的未来，并全力向着那个目标奔跑前进。

Part 9 握紧命运，书写未来

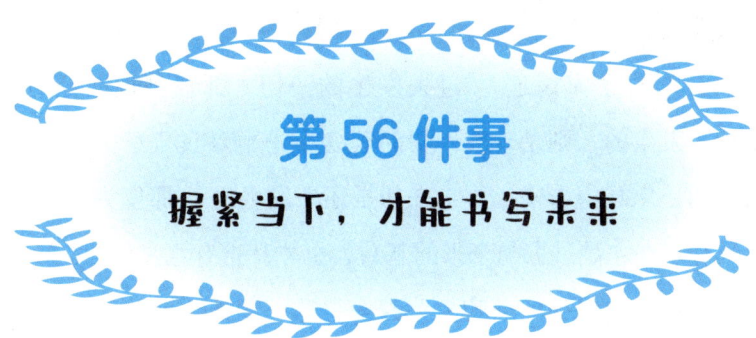

第56件事
握紧当下，才能书写未来

创造明天的是今天，创造将来的是眼前，当你痴痴地坐等将来的时候，将来就从你的懒惰的双手中畸形丑陋地走出来。

——卡尔·冯·克劳塞维茨（普鲁士军事理论家、军事历史学家）

过去的错误，哪怕再懊悔也无法去改变；未来的憧憬，哪怕再美好也不可能瞬间成为现实。真正能够掌握在我们手中的，只有现在、当下、此刻。

在古罗马城的废墟中矗立着一尊神像，这尊神像非常奇特，它有两张面孔，一张看向前方，一张望向后方。

一天，一位哲学家路过这里，发现了这尊神像，好奇地走了过去。哲学家自认博古通今，但却从未见过这样的神像，于是便好奇地开口问道："您好，请问您为什么会有两张面孔？是有什么特殊的含义吗？"

神像回答道："我这两张面孔，一张回望的是已经发生的过去，这样能让我从中总结经验、记住教训；另一张瞻望的是还未到来的未来，这样才能给予人展望和憧憬！"

听到神像的话，哲学家疑惑地皱了皱眉，问道："那现在呢？您都不

关注现在吗?"

神像满脸茫然:"现在?"

"是啊!"哲学家说道,"过去发生的一切,都曾是现在经历过的,而未来即将发生的,则是现在一切的延续。您洞察过去,但过去是已经无法改变的;您瞻望未来,可未来却是还未发生的。那您为何不关注现在呢?只有现在才是过去与未来的基石,也才真正有意义的啊!"

听到这话,神像突然嚎啕大哭起来,这一刻他才突然明白,为什么他会被人们抛弃在废墟中,遗忘于尘埃里了。

过去的事情是历史,是已经尘埃落定的事情,我们不可能更改。但过去的一切,又都曾是当下,是我们所做过,所经历过的事情。也就是说,我们唯一能够正确留在历史的方式,就是认真做当下的每一件事,我们做过的这些事,就是将来的我们所看到的"过去"。

普鲁士军事理论家、军事历史学家卡尔·冯·克劳塞维茨说过:"创造明天的是今天,创造将来的是眼前,当你痴痴地坐等将来的时候,将来就从你的懒惰的双手中畸形丑陋地走出来。"在美好的今天无需叹息流失的过去,昨日不再来,与其忧伤,不如明智地改变现在以及未来。

现实的未来,都是基于当下的状况而延续、发展出来的,我们无法控制还没到来的未来,但我们可以通过把握当下,来为未来的发展打下最坚实的地基,让未来拥有无限的可能。

| 以前的我 | 现在的我 |

我十分怀念过去的时光,如果那些时光能重来,那该有多好呀!我也时常憧憬未来的日子,真希望未来能够像想象中一样美好呀!

我要牢牢抓紧当下,珍惜当下的每一分和每一秒,这样才能书写下我满意的未来。

✌ 我是有出息的男子汉!

当我因为过去犯的错而懊恼不已的时候,我发现再多的懊恼都不能挽回这些错误;当我沉浸在对未来的憧憬中而无法自拔的时候,我发现如果不着手做点什么,憧憬就永远无法变成现实。而现在,我已经明白,真正能够掌握在我手中的,只有此时此刻,只有把握当下,我才能真正书写自己的未来。

我是有出息的男子汉!从今天起,我不会再为过去而忧伤,也不会再沉浸于对未来的憧憬,我要牢牢抓住当下,做好眼前的每一件事。

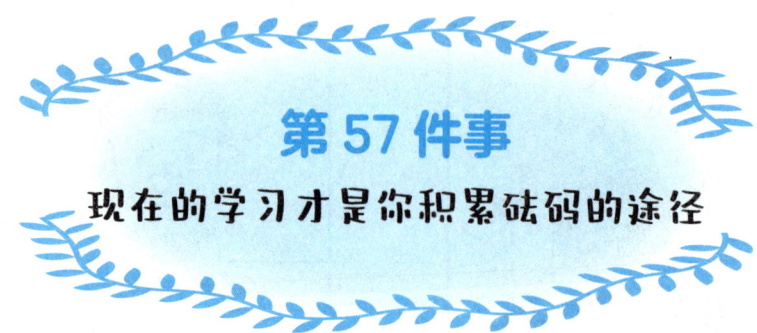

第57件事
现在的学习才是你积累砝码的途径

> 知识是引导人生到光明与真实境界的灯烛，愚暗是达到光明与真实境界的障碍，也就是人生发展的障碍。
>
> ——李大钊（中国无产阶级革命家）

无论你有多么伟大的志向，都应该明白，你现在的学习才是积累砝码的途径，只有积累的砝码足够多，命运的天平才会向你倾斜。

集市里有一匹年轻强壮的千里马，它知道自己的优势在哪里，也相信自己和其他马不一样，是天生就能干出一番大事业的，因此，它一直耐心地等待着伯乐来发现它。

这天，一位商人路过，看到了千里马，不由感叹道："这是多么好的一匹马啊！你愿意跟我走吗？我们一起走南闯北，运送货物。"

千里马摇了摇头，拒绝了商人的提议："我可是一匹千里马，怎么能浪费天赋，为你这样的商人运送货物呢？"

又过了一阵，一位士兵来了，看到千里马后很是喜欢，急切地问道："嘿，小家伙，你愿意跟我走吗？我们一起南征北战，保家卫国！"

千里马看了士兵一眼，摇头拒绝了："我可是一匹千里马，怎么能屈尊为你这样无名无姓的小兵效力呢？"

又过了一阵，一位猎人路过集市，也看中了千里马，他上前问道："你愿意跟我走吗？和我一起到林中奔跑，追逐猎物？"

千里马还是摇头拒绝了："喂喂，看清楚，我可是千里马啊，怎么可能去做一个猎户的苦力啊！"

就这样，日复一日，年复一年，千里马始终没等到理想的机会，拒绝了一个又一个的邀约。

直到这一天，一个身着华服的钦差大臣终于出现了，他奉皇帝的命令前来民间寻找千里马。

看到钦差大臣，千里马非常高兴，它知道，这就是它一直等待的伯乐。于是，千里马赶紧上前，对钦差大臣说道："嘿！我就是你要找的千里马！"

钦差大臣看着眼前这匹年纪已经不小的马，问道："你熟悉我们国家的路线吗？"

千里马摇了摇头，它又不像商人那样走南闯北，怎么会熟悉呢？

钦差大臣又问："那你上过战场，打过仗吗？"

千里马摇了摇头，它又不像士兵那样冲锋陷阵，怎么会上过战场呢？

钦差大臣沉默了，过了许久才问道："那你到底会什么呢？"

千里马骄傲地回答："我能日行千里！"

钦差大臣满心怀疑，但还是决定给千里马机会，让它跑上一段。结果，千里马刚往前跑了没几步，就气喘吁吁、汗流浃背，没办法，它老了，而且一直待在集市里，也没有锻炼的机会。

最后，钦差大臣失望地离开了。

懂事男孩的成长笔记

自视甚高的千里马总觉得自己是干大事的料,所以便干脆什么都不做,什么都不学,只是一直等待干大事的机会到来。结果显而易见,当机会真的来临时,一直停留在原地,没有任何提升的千里马已经失去了干大事的资本。

试想一下,如果千里马能够跟随商人踏遍全国各地,熟悉每一处地方的交通状况;或是和士兵上阵杀敌,累积对战经验;再或者是和猎人一起去山林打猎,在锻炼中将自己的身体状况维持在最佳状态——那么,当真正的机会来临时,它便不会失去竞争的资本与砝码,也就不会和自己苦苦等待的机会失之交臂了。

以前的我	现在的我

我相信自己是拥有才能的,只是缺少一个机会,所以我一直在原地等待机会。	成功是众多因素融汇起来得到的结果,其中占比最大的,一定是我们自身的才能。所以,我要抓紧时间学习,提升自己的才能,以便能在机会降临时一飞冲天!

✌ 我是有出息的男子汉！

在成长的过程中，每个男孩或许都曾有过这样的阶段——认为自己无所不能，天命不凡，注定会干出一番大事业！事实上，我也始终这样坚信，因此，为了蓄积力量，让自己足够优秀，足够强大，足以在"天命"到来时扛得起重任，我更应该抓紧时间，努力学习，提升自己。因为我明白，在这个阶段，学习正是我最重要的积累砝码的途径。

我是有出息的男子汉！我相信自己是真正的千里马，所以我会学习更多的知识，付出更大的努力，绝不浪费自己的天赋。

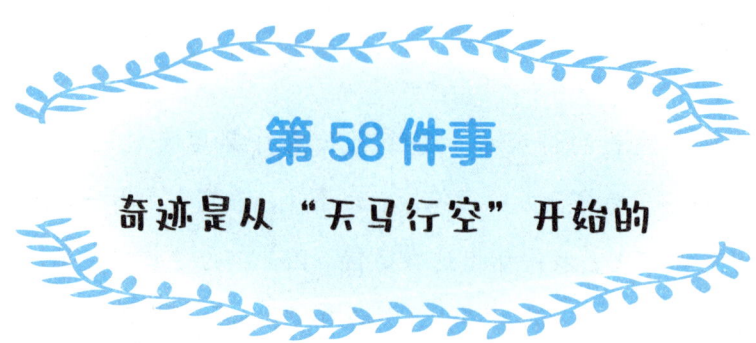

第58件事
奇迹是从"天马行空"开始的

所谓才能，是相信自己，相信自己的力量。

——马克西姆·高尔基（苏联作家）

如果连你自己都不相信你的梦想会实现，那么它就注定永远都不会实现了。奇迹之所以称之为奇迹，就是因为它足够"天马行空"，而哪怕再"天马行空"的奇迹，也有实现的机会与可能。

在美国一所小学的某个班级里，老师给孩子们布置了一篇作文，题目是：我的梦想。

有一个男孩很喜欢这个题目，埋头在本子上写得飞快。他说他梦想自己将来能拥有一座巨大的庄园，大概有十几公顷那么大。他要在庄园里种许多植物，再盖很多小木屋，设置一个烤肉区，还要建造个休闲旅馆。当然，这么好的一处休闲胜地，他并不会自己独占，他将邀请许多人前去参观，快乐地在其中游玩，和他一起感受这座庄园的美好。

男孩的作文写得很好，但老师在批阅时，却给了他一个大大的"×"，并要求他重新补写一篇。对于这个毫无道理的要求，男孩感到很疑惑，他重新检查了一遍自己的作文，并没有找到什么问题，于是便带着作文去了办公室。

男孩问老师："老师，这篇作文有什么问题吗？为什么我需要重新写？"

老师说道："我要你们写的，是关于未来的规划，而不是这种如同做梦一般的空想。"

男孩更疑惑了："可这就是我对未来的规划呀！"

老师说道："不，这不过是一堆空想罢了，如果你不肯好好写，那么我不会给你及格的分数。"

男孩有些委屈，但思索了一会儿之后，他还是坚定地拒绝道："我不会重写的，这就是我的梦想！"

最后，老师给这篇作文评了一个很低的分数。

多年后，这位老师年纪已经很大了，他依然还在做老师。这天，他收到一封邀请函，邀请他和他所带班级的学生一起去一个度假庄园参观。那是一座非常出名的庄园，据说庄园主人十分热情好客，不仅愿意将自己的庄园开放成为旅游胜地，而且还常常亲自招待前去参观的人。

老师带着学生们去了那座庄园，那里有优美的风景，精致的小木屋，规划整齐的烤肉区，一切都非常完美。就在大家都玩得很开心的时候，庄园主人出现了。他径直走到老师面前，告诉他，自己就是当初那个作文被判不及格的孩子，而他凭借着自己的努力，将当初那个"不可能实现的梦想"变成了真正的现实。

老师看着眼前陌生又熟悉的人，想到自己险些摧毁一个孩子的梦想，不由懊悔地流下了眼泪，同时也无比庆幸，即使面对自己强硬的态度，这个男孩也不曾放弃自己的梦想。

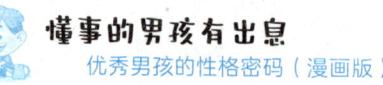

 懂事男孩的
成长笔记

奇迹之所以称之为奇迹，是因为它极少会发生，且在发生之前几乎都让人感觉它不可能发生，但这个世界上从来都不缺少奇迹。而在这个世界上，能够缔造奇迹的人，必然都是相信奇迹的人。

梦想也是如此，不是每个梦想都会实现，但如果从一开始，连你自己都不相信梦想，那么它就注定不会实现。

在老师眼中，男孩的梦想就如同天方夜谭一般，与他的出身、家庭条件等各方面都不匹配。如果男孩因此而放弃了这个梦想，接受老师的建议，重新规划一个"靠谱"的未来，那么他自然不会再为曾经的目标而奋斗，梦想也就真的变成天方夜谭了。

以前的我　　　　　　　现在的我

我那么平凡的一个人，为什么要浪费时间去想天马行空的事情呢？我做不到的，还是和大家一样，平平凡凡就好。

我的梦想是星辰大海，这个梦想距离我或许有些遥远，但我仍旧想为此而竭尽全力地去努力，为未来埋下一颗奇迹的种子。

我是有出息的男子汉!

每一个梦想都值得尊重,每一个梦想也都有实现的可能,哪怕它如今看上去遥不可及。不管路有多长,不管前方是否荆棘丛生,危险重重,当我确定了属于自己的梦想和目标后,我一定会坚定不移地走下去。能够为梦想而拼搏,这是一件多么美好又激动人心的事情!

我是有出息的男子汉!我坚信,生命永远因为梦想而光华璀璨,而为了梦想,我愿意竭尽全力,不畏艰险,即使失败也无法阻止我!

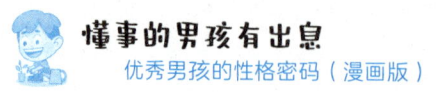

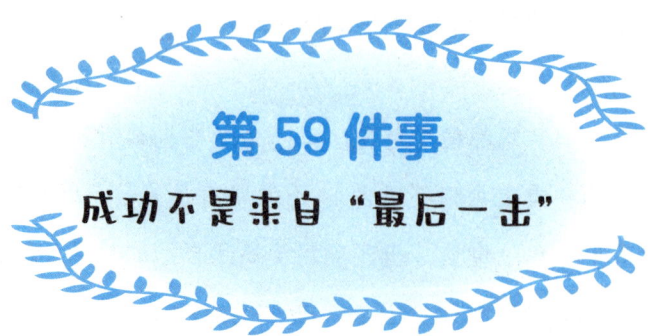

第59件事
成功不是来自"最后一击"

忍耐和坚持虽是痛苦的事情,但却能渐渐地为你带来好处。

——奥维德(古罗马诗人)

在通往成功的道路上,你踩下的每一个脚印,都是不可抹去的功勋章,哪怕是错误与失败,也同样具备相应的价值。因为成功从来不是来自"最后一击",而是漫长的忍耐与坚持。

有一个男孩,不管做什么事都总是"三分钟热度",并且觉得自己之所以一事无成,完全是因为缺乏天赋或运气不佳。

男孩的父亲是名石匠,在得知男孩的想法后,他什么也没说,只让男孩第二天随他一起到山上去采石。

石匠看中的是一块非常巨大且坚硬的石头,而他携带的工具只有一柄小小的铁锤和一只小小的凿子。男孩看看巨石,又看看父亲手中的小锤和凿子,怎么都不相信父亲单靠这两件东西就能把这巨石给敲下来。

对于男孩眼中的怀疑,石匠并没有给出任何解释,只是沉默地抡起铁锤和凿子,在巨石上重重地敲下第一击。果然,就如同男孩所预料的那般,巨石纹丝不动,连一块碎片都没敲下来,甚至是一丁点儿凿痕都没留下。

男孩失望地撇撇嘴,心想:"果然如此。"

然而,石匠脸上的神情却没有丝毫变化,依旧抡着铁锤,一锤又一锤地继续敲击。十下、二十下、一百下……可似乎不管怎么敲,石块都没有任何变化,旁边的男孩也看得百无聊赖,甚至打起了瞌睡。

石匠却丝毫不在意周围的情况,仍旧一心一意地敲击着巨石,叮叮当当的声音不绝于耳。也不知到底是敲了几百下还是一千下,就在男孩险些睡着时,巨石在石匠的最后一击下轰然裂开。男孩惊呆了,看着被父亲敲打碎裂的巨石,他张大了嘴巴,却不知道该说什么。

这时候,石匠终于说话了,他说道:"成功从来不是一种运气,如果没有之前的忍耐与坚持,那么你永远都无法得到这'最后一击'。"

懂事男孩的成长笔记

巨大的石块之所以能够碎裂,归功于石匠手下的每一次敲击,而不仅仅只是最后的那一次敲击。如果没有此前看似无用的一次次施力,那么石块是永远不可能在那最终一击之下碎裂的。

可笑的是,在生活中,总有太多人在追寻成功时想要走捷径,妄图跳过漫长的努力与坚持,直接跳到"最后一击"。就像石匠的儿子,自己没有足够的毅力去忍耐和坚持,却还以为别人的成功都是在好运气的引领下直接得到那幸运的"最后一击"。如果他无法想清楚问题的症结在哪里,那么恐怕永远都与成功无缘了。

以前的我	现在的我

那些能够成功的人，运气可真好啊！我也想拥有成功前的"最后一击"，可就是没有这样的运气。	我终于明白，无论做任何事情，坚持都是最重要的，因为每一次成功都离不开前面无数次的努力。就如同吃饭一样，谁也不是靠着最后一口吃饱的。

✌ 我是有出息的男子汉！

每一次成功的背后，都有无数的努力与汗水。在这个世界上，没有谁可以随随便便就获得成功的，哪怕运气再好的人，如果自己不付出努力，所能得到的风光也只会如昙花一现。就如那句话说的："台上一分钟，台下十年功。"如果只看得到别人"台上一分钟"的辉煌，却无视对方"台下十年功"的努力，那么我们是永远都找不到通往成功的真正道路的。

我是有出息的男子汉！所以，从今天起，我会努力与坚持，义无反顾地向着最终的目标前进，我相信，只要付出足够的努力与汗水，我就一定能等到成功前的"最后一击"。

Part 9 握紧命运，书写未来

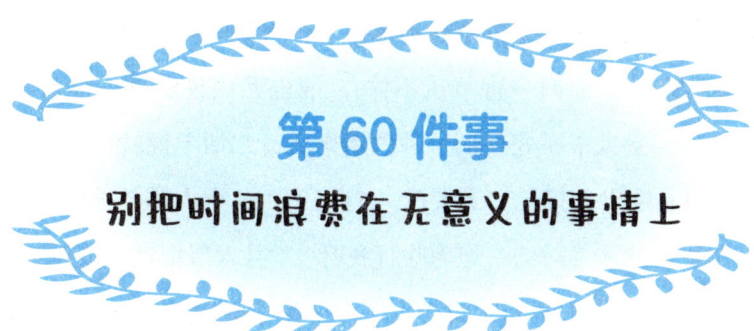

第60件事
别把时间浪费在无意义的事情上

谁虚度年华，青春就要褪色，生命就会抛弃他们。

——维克多·雨果（法国作家）

人这一生能做的事情其实不多，因为无论时间还是精力都是极其有限的。如果总把时间和精力浪费在无意义的事情上，那我们哪还有机会去做那些真正有意义的事情呢？

有一个年轻人，生活在一个偏远的小城镇，虽然家境一般，但他头脑非常聪明，靠着自己的努力，以优异的成绩考上一所名牌大学，真是一只山沟沟里飞出的金凤凰。

到了繁华的大城市之后，年轻人渐渐发现，自己和周围的人有着太多的格格不入。当身边的同学兴致勃勃地谈论名牌、偶像、电视剧的时候，他却对此一无所知，完全无法融入他们的话题。

渐渐地，有人开始对年轻人指指点点，说他"高冷""看不起人"，"是个土包子""没见识"。这些议论让年轻人开始变得浮躁起来。为了融入人群，显得自己不那么"异类"，他开始尝试去了解那些他根本不感兴趣的东西，浪费了许多的时间和精力。

教授很快发现了年轻人的变化，他并没有去指责或批评他，而是在

一次和年轻人闲聊时对他说道:"我前几天看到一个故事,觉得十分有趣。说是古时候,有两个人争吵不休,一个人说3×8=24,而另一个人却坚持3×8=21,他们一直争执不休,谁也无法说服谁,最后甚至闹到了公堂上。县太爷听完他们争吵的始末后,二话不说就让人把那个说3×8=24的人拉出去打了二十大板。打完后,这个人非常委屈,问县太爷:"明明我说的才是对的,您为啥打我呀?"县太爷恨铁不成钢地说道:"你居然可以浪费那么多的时间与生命,去和一个说3×8=21的人争执,不打你打谁啊?""

教授的故事让年轻人豁然开朗,那天之后,他不再浪费时间去关注那些他不感兴趣的事情,也不再浪费精力去迎合他人,而是一心扑在学术研究上,抓紧时间为自己的理想和未来去努力、去拼搏。

每个人的时间和精力都是有限的,如果我们总是把时间与精力浪费在无意义的事情上,那么对于那些真正有意义的事情,自然就会减少投入的时间和精力。而前者能够带给我们的,除了各种负面的影响和情绪之外,不会有任何有价值的东西。

就像故事中的年轻人,当他因为流言蜚语的压力而浪费宝贵的时间去迎合他人时,必然会影响到他在学业方面的投入,而前者并不能带给他任何实质上的好处,从根本上来说,是得不偿失的。

我们在一生中,会遇到无数的人与无数的事,不是每个人都值得交往,也不是每件事都值得关注,远离那些无聊的人与事,将宝贵的时间与精力投放到真正有意义、有价值的人与事上,才能成为生活的赢家。

以前的我	现在的我

我年纪那么小，时间那么多，即使多分点时间出来做其他的事情，好像也没有什么关系。	时间比金钱更宝贵，即使我现在年纪还小，但我所拥有的时间也同样不够用，怎么还能把它浪费在无关紧要的事情上呢？

我是有出息的男子汉！

很多时候，我们可能会为了迎合他人而去做一些违背自己意愿的事情，但到最后，我们会发现，这些事情除了浪费我们的时间和精力之外，并不能给我们创造任何价值。与其和那些无聊的人与无聊的事纠缠，不如把时间和精力投入到更有意义的事情上，努力朝着自己的目标与梦想去努力。

我是有出息的男子汉！所以，从今天起，我会珍惜时间，与值得结交的人结交，关注值得关注的事，不再将时间与精力耗费在无聊的人与事上！